Peter Schulze
Chemiker

Peter Schulze

# Chemiker

Rediroma-Verlag

Bibliografische Information der Deutschen Nationalbibliothek:
Die Deutsche Nationalbibliothek verzeichnet diese Publikation in der Deutschen Nationalbibliografie; detaillierte bibliografische Daten sind im Internet über http://portal.dnb.de abrufbar.

ISBN 978-3-98527-485-7



Umschlagillustration:
SUWIT NGAOKAEW (shutterstock.com)



www.rediroma-verlag.de
7,95 Euro (D)

**Inhalt**

## 1. Schule, Studium, Flucht

Mit gemischten Gefühlen ging Dr. Klaus Kolbe über die Werksstraße. Soeben hatte er seinen Werksausweis abgegeben und sein Chemiker-Berufsleben abgeschlossen. Er näherte sich dem Parkplatz, auf dem sein Wagen stand. Noch einmal drehte er sich um und nahm ein letztes Mal mit einem tiefen Luftzug, der mehr einem Seufzer glich, das Bild der Firmenfront bewusst in sich auf. Dann drehte er sich endgültig um, stieg ein und fuhr nach Hause. So sah also einer der großen Einschnitte in seinem Leben aus: das Ende eines Chemikerlebens. Völlig undramatisch, ja fast lautlos. So richtig wusste er nicht, ob das immer so war.

Während er nach Hause fuhr, und das lief fast unwirklich wie im Traum ab, schließlich war er diesen Weg viele tausend Male gefahren, tauchten Bilder aus der Vergangenheit auf, aus Greifswald, ... aus der Studienzeit, ... noch weiter zurück: aus seiner Schulzeit in Leipzig.

Frau Weichsel hatte gerade ihren Chemieunterricht in der 11b beendet und Klaus und Wolfgang brauchten nicht mit in der großen Pause auf den Hof zu gehen, weil sie in den Chemieräumen noch aufräumen mussten. Man sollte besser sagen, sie duften noch aufräumen, denn wer das durfte, das war schon was.

So ganz schlecht war die Helmholtz-Oberschule, heute würde man Gymnasium sagen, nicht eingerichtet. Die Chemieräume bestanden aus Vorbereitungsräumen mit allerlei Chemikalien und Geräten und zwei Unterrichtsräumen für Chemie, davon einer mit schrägen Bankreihen wie im Hörsaal.

Beim Beginn der nächsten Chemiestunde hatten sich die beiden „Helfer“ Klaus und Wolfgang in den Chemieräumen etwas „Tolles“ ausgedacht. Sie hatten nämlich festgestellt, dass der Druck in den Gasleitungen kleiner war als der, den man mit der Lungenpuste erreichen konnte. Das hieß also, wenn man in die Gasleitung reinpustete, verschwand die eingeblasene Luft im Leitungssystem. Folgerichtig musste sie bei der nächsten Entnahme auch wieder herauskommen. Wenn nun aber jemand z.B. einen Bunsenbrenner benutzte, musste dieser erst einmal ausgehen. Und das war der Gag, den sich die beiden versprachen. Sie verschwendeten keinen Gedanken an irgendwelche Sicherheitsbedenken, dass da irgendwie auch ein Unglück passieren könne. Sie waren zu jung und zu dumm dazu.

Der Spaß gelang, der Brenner ging aus. Nach einigen Versuchen zum Neu-Anzünden brannte er wieder, wie sie durch den Schlitz im Abzug beobachten konnten.

Sie aber waren begeistert von dem, was sie selbstständig wieder angestellt hatten. Der liebe Gott muss gnädig über junge Chemiker und solche, die einer werden wollen, denken, denn es geht keineswegs immer alles schief, was schief gehen könnte. Andererseits war es auch nicht untypisch für aufgeschlossene junge Menschen, mal etwas zu probieren, was man vorher noch nicht kannte. Forscher machen später nichts anderes.

Sie kamen ein paar Minuten zu spät in die Physikstunde. Der Lehrer war irgendwie sympathisch. Er hatte mal erzählt, dass er sich sehr gern physikalische Dinge von Verkäufern in einschlägigen Läden erzählen lässt, obwohl er das selbst viel besser wusste. Aber die Tatsache, dass er nicht mit seinem Wissen herumprahlte und Witz genug hatte, sich die absurdesten Sachen von Halblaien erzählen zu lassen, gefiel ihnen. Außerdem konnte er die Zahl Pi auf über zehn Stellen aus dem Kopf aufschreiben. Das war auch toll.

Übrigens hatte Klaus schon einschlägige Chemielabor-Erfahrungen von der Grundschule her. Dort durfte er nämlich auch mit Flaschen sortieren, Geräte reinigen, neue Chemikalien besorgen, alte vernichten usw. So etwas macht Laune und hebt das Selbstbewusstsein. Seine Eltern hatten nichts mit Chemie am Hut, genau genommen sogar mit keiner Naturwissenschaft. Aber er interessierte sich nun mal sehr für das, „was die Welt im Innersten zusammenhält“. Das Zitat kannte er aus dem Faust I vom schauspielbegeisterten Vater und vom Deutschunterricht.

Ja, und dann war da der Tag, an dem sie, die Schüler der Klasse, ein Jahr vor dem Abitur angeben sollten, was sie nach dem Abi studieren wollten. Klaus hatte als erstes Fach Chemie angegeben und ersatzweise, falls er dafür keine Zulassung erhalten sollte, Medizin. Arzt hätte er sich auch als Beruf gut vorstellen können. Immerhin hatte er den Chefarzt der Chirurgie eines nahegelegenen Krankenhauses nach einem populärwissenschaftlichen Vortrag vor kurzem gebeten, mal bei einer Operation dabei sein zu dürfen, um sich ein realistischeres Bild von einer Operation machen zu können, als in Spielfilmen zu sehen war, und um sich über seine Berufsorientierung klarer zu werden. Dieser hatte dem Wunsche sogar zugestimmt, und er durfte tatsächlich einer Blinddarmoperation beiwohnen.

Er wusste noch nicht, dass er später für beide Fächer eine Ablehnung der staatlichen Stellen über Studienplatz-Vergabe erhalten sollte.

Die politischen Verhältnisse im Frühjahr 1953 verschärften sich zusehends im Sinne der DDR-

Politik auch in der Schule. Konnte man bis dahin noch geschickt als Mitläufer ohne allzu viel Aktivität im politischen Sinne recht unauffällig bleiben, war dies nun nicht mehr möglich. Den Schülern der Klasse wurde klipp und klar gesagt: Wer für uns ist, muss auch bereit sein, den Staat mit der Waffe in der Hand zu verteidigen also in die NVA (Nationale Volksarmee) einzutreten.

Wer gegen uns ist und dies nicht will, erhält keinen Studienplatz. Was nun? Anscheinend gab es gar keine Möglichkeit mehr, schlicht und einfach Chemie zu studieren. Jedenfalls wurden alle Klassenkameraden an einem Nachmittag von der FDJ (Freie Deutsche Jugend) in ein Zimmer bestellt, in dem jeder einzelne zu dieser Frage, die eigentlich gar keine war, sondern eine glatte Erpressung, Stellung zu nehmen hatte. Dazu kam noch, dass einige ganz wenige unter den Klassenkameraden sich als Kandidat der SED (Sozialistische Einheitspartei) gemeldet hatten. Auch das noch.

Klaus war in großer Seelennot, von der außer ihm zunächst nur seine Eltern Kenntnis hatten. Die wussten aber auch keinen Rat.

Der Retter in der Not war der Mathelehrer. Der fiel nämlich wegen seiner „West-Schuhe“ den Schülern als- einer auf; der offenbar nicht so linientreu war, dass er sich das Tragen von „West-Schuhen“ verkniff. Er hatte übrigens einen Bruder im „Westen“. Außerdem ließen seine auffallend neutralen Formulierungen nur den Schluss zu, dass er kein Verfechter der DDR-Politik war.

Diesen Mann rief Klaus in seiner Not an und bat ihn privat am Wochenende um ein kurzes Gespräch. Er wusste den einzig richtigen Rat: Er lautete, einfach zum nächsten Treffen, zu dem die Unterschriften zum Eintritt in die Volksarmee gegeben werden sollten, nicht hinzugehen. Irgendeine Ausrede war ja leicht zu finden. Klaus empfand diesen Rat als den Stein der Weisen. Er hatte dem Lehrer diese Hilfe ein Leben lang nicht vergessen. Eigentlich müssten ihm im Himmel jetzt die Ohren klingen!

Der Rat war gut und er hat funktioniert. Klaus hat nicht den Eintritt in die Armee unterschrieben.

Er hatte Glück, denn es kam der sogenannte „neue Kurs“. Die DDR-Führung hatte erkannt, dass der Bogen zu hart gespannt worden war und schwenkte nun auf die milde Tour um. Ein paar Tage war plötzlich politisch mal wieder alles anders.

Trotz des neuen Kurses blieben aber viele andere blöde Regelungen in Kraft, so auch die, dass eben nur Arbeiter- und Bauern-Kinder studieren durften. Klaus war kein Arbeiter- und Bauernkind, also durfte er nicht studieren, weder Chemie noch Medizin. Wenn sich da nicht im letzten Moment sein Vater engagiert und bei einem Institutsleiter und Rektor einer Universität persönlich seinem Sohn den Weg zum Studium geebnet hätte, wäre er vielleicht niemals Chemiker geworden.

Diese Sonderaktion führte dazu, dass Klaus nicht an seinem Wohn- und Heimatort Leipzig studieren könnte, sondern ganz schön weit weg davon in Norddeutschland, nämlich in Greifswald.

Greifswald, ... wieder tauchten Bilder aus der Erinnerung auf. Greifswald hat so eine schöne Silhouette, wenn man von weitem kommt. Seitlich ist alles flach und dann kommen allmählich immer größer werdende Häuser. In der Mitte steht der alles überragende Dom. Auch die „dicke Marie“, wie die Greifswalder ihre Marienkirche liebevoll nennen, kann man erkennen. Solche Ansichten erinnern immer an Frieden, Ruhe, Ausgeglichenheit und auch ein bisschen an Unvergänglichkeit. Die Pralinenhersteller wissen schon, warum sie ihre Blechschachteln mit solchen Bildern verschönen.

In Greifswald hatte Klaus sieben Jahre studiert. Im ersten Semester hatte er noch in den Holzbaracken auf der Fleischerwiese gewohnt, aber später dann in einem Privatzimmer in der Straße der Freundschaft. Die ersten Vorlesungen waren völlig überfüllt. Später wurde das Semester, wie überall, kleiner, weil der eine oder andere eben auf der Strecke blieb. Das waren vielleicht die ersten Lebenserfahrungen, dass nicht alles im Leben glatt geht. Die Gründe der Abgänge waren unterschiedlicher Natur. Einerseits hatten einige Kommilitonen die Chemie abgestuft auf Chemiepädagogik, andere mussten wegen schlechter Leistungen gehen und kurz vor dem Examen drehte auch der eine oder andere durch, weil er dem Lern- und Prüfungsstress nicht gewachsen war.

Interessant war auch, dass am Ende nicht immer die Besten die Besten waren, sondern manchmal auch Leute quasi aus der zweiten Reihe, die einfach seelisch stabiler gebaut waren.

Manche grundsätzliche wertvolle Sache lernte Klaus außer der Chemie beim Studium. Da ist zunächst das Lernen selbst. Aufgrund der vielen Dinge, die man lernen muss, erlernt man mit dem Jahren eine gewisse Technik, wie man sich Wissen aneignet. Dabei lernt man, sich darin zu üben, das Wesentliche vom Unwesentlichen zu trennen. Das Wesentliche muss man sich merken, das Unwesentliche zunächst nicht.

Eine andere Sache, die man lernt, ist das logische Denken. Es ist nämlich viel leichter, eine logische Gedankenkette zu verstehen und sich zu merken, als unlogische Folgen. Glücklicherweise arbeiten die Naturwissenschaften überwiegend logisch.

Was man auch lernt, ist eine präzise Ausdrucksweise. Es ist immer wieder erstaunlich, wie schwer sich viele Menschen tun, wenn sie ganz einfache Dinge wie z.B. das Aussehen einer Substanz beschreiben sollen. Wie sieht Milch aus? Weiß, flüssig, – weiße Flüssigkeit als Beispiel wäre zu unvollständig. denn das träfe z.B. auf weißen Lack auch noch zu. Obwohl jeder den dickflüssigen Lack von der dünnflüssigen Milch sofort unterscheiden könnte, vergisst man gern, diese Eigenschaft Viskosität mit zu beschreiben. Also, Milch ist eine weiße, niedrigviskose Flüssigkeit, wenn man will, noch mit dem Hinweis, fast geruchlos. Jetzt kann sie nicht mehr mit Lack verwechselt werden. Und wenn man jetzt meint, das sei alles trivial und das wisse ja jeder, muss dem entgegenhalten, dass das bei neuen Substanzen, die in Labors immer wieder hergestellt werden, nicht jeder weiß und auch nicht wissen kann. Deshalb ist es wichtig zu wissen, wie man präzise, d.h. genau, verständlich und nachvollziehbar Dinge beschreiben kann.

Schließlich erlernte Klaus eine gewisses Maß an manuellem Geschick beim Umgang mit verschiedenen chemischen Apparaturen. Natürlich ist es eine maßlose Untertreibung, wenn man über einen organischen Chemiker sagt, das Einzige, was er gelernt hat, ist eine Substanz umzukristallisieren. Richtig ist aber, dass es oft eines besonderen Geschickes bedarf, eine Substanz, die in einem Reaktionsgemisch enthalten ist, auch in guter Ausbeute zu isolieren. Es gibt heute noch Patente, welche die Bildung einer Substanz patentieren, aber die Isolierung nicht oder nur sehr unvollkommen beschreiben. Das ist ungefähr so, als wenn jemand sagt, er habe noch tausend Mark im Tresor, aber die Kombination zu dessen Öffnung kenne er nicht.

So ehrgeizig, nüchtern und logisch Klaus bei seinem Studium auch war, so gefühlvoll und künstlerisch interessiert war er auf der anderen Seite. Er malte, dichtete und hatte in der Abiturzeit sogar erwogen Schauspieler zu werden. Seine Freundinnen waren stets ehrliche, anständige und liebe Mädchen. So wie er auch sicher als netter, anständiger junger Mann anzusehen war.

Ehrlichkeit, Angst und Vorsicht waren tief in ihm verwurzelt und sollten auch später manche Handlungsweisen von ihm bestimmen.

Da unsere reale Welt leider etwas weniger anständig und ehrlich ist, war eigentlich schon damals klar, dass es Klaus nicht immer leicht haben würde.

Während eines Ausfluges am Ryck, einem kleinen Flüsschen durch Greifswald, hatte er seine spätere Frau kennengelernt. Sie war ein liebes, junges Mädchen, das aus einem nahe gelegenem Dorf stammte. Ihre Eltern hatten einen Bauernhof mit Mühle und Bäckerei, waren aber schon früh verstorben. Die beiden älteren Brüder, die das Anwesen zunächst unterhielten, waren wegen angeblicher Vergehen gegen den DDR-Staat im Zuchthaus. So wurde das ganze Anwesen durch eine LPG (Landwirtschaftliche Produktionsgenossenschaft) schlecht und recht genutzt. Helga Doebler, so hieß sie, lebte nicht mehr auf dem elterlichen Gut, sondern war nach Greifswald gezogen und dort Krankenschwester geworden. Durch Beruf und Schicksal geprägt, war sie ein Mensch, bei dem menschliche Beziehungen, Bindungen und Hilfe im Vordergrund des Charakterbildes standen. Man könnte vorsichtig sagen, sie war die ideale Ergänzung zum Naturwissenschaftler Klaus Kolbe.

Nun, die beiden waren sich nach anfänglicher zögerlicher Haltung von ihr doch sehr zugetan, sodass sie noch vor Beendigung des Studiums von Klaus heirateten.

Danach machten sie Pläne für die Zukunft. Die Zukunft in der DDR sah nicht so rosig aus. Also wurde zwischen den beiden über die Flucht in die

Bundesrepublik diskutiert. Das war so um 1959 herum. Helga hatte schon Verwandte im „Westen“, wie damals im Osten jeder die Bundesrepublik nannte, besucht und war von dem Wohlstand begeistert. Auch Klaus war schon dort gewesen. Beide waren außerdem keine Verfechter der DDR-Politik, zumindest wenn sie allein und ehrlich waren. Offiziell herrschte ja so eine merkwürdig eingefahrene Art der politischen Lügerei, bei der jeder aufpasste, dass er nur Dinge sagte oder schrieb, die politisch ins offizielle Bild passten, obwohl man meistens nicht dahinterstand und anders dachte.

Der Plan war einfach: Wir hauen ab. Wann? Wenn Klaus sein Diplom hat. Wie? Über Berlin, das war damals noch offen und ohne Mauer. Zu Wem? Zu gar keinem. Sie wollten versuchen, den Weg allein durch zubeißen über alle Instanzen. Da war aber noch ein Problem. Helgas Eltern waren verstorben und die beiden Brüder waren direkt nach dem Zuchthaus in den Westen gegangen. Klaus‘ Familie war aber noch in Ostberlin. Seine Eltern lebten noch und seine jüngere Schwester lebte auch noch bei ihnen. Die konnte man auch nicht allein lassen.

Es war ein schwerer Entschluss, aber es gab wohl gar keine andere Wahl: Es mussten alle fünf Personen gleichzeitig die DDR verlassen. Hätten die beiden jungen Leute die Eltern zurückgelassen, hätte vielleicht die DDR von den Eltern die Rückzahlung der Studiumskosten fordern können. Vielleicht wäre es auch eine Trennung auf ewig geworden. All das wollten sie verhindern. Also wurde die gemeinsame Flucht vorbereitet.

Dabei gab es eine bemerkenswerte Entwicklung. Während Helga im Anfang eher die Drängende war, sank diese Tendenz immer mehr, je näher der Tag der tatsächlichen Flucht nahte. Die gleiche Entwicklung lief bei Klaus umgekehrt. Je länger die Vorbereitungen liefen, desto intensiver wurden sie bei ihm. Beim Vater von Klaus stieg die Angst, dass die Fluchtvorbereitungen bemerkt werden könnten von Dritten, die womöglich noch staatliche Stellen informieren konnten. So hatte jeder eine etwas andere Art, mit dem Vorhaben fertigzuwerden.

Zunächst fingen sie mal alle fünf an, zu sortieren, was man mitnehmen möchte und was nicht. Der nächste Schritt war, dass zwei Verwandte, eine Stelle in der Bundesrepublik und eine Stelle in Westberlin von dem Vorhaben in Kenntnis gesetzt wurden. Danach fing man an, kleine Päckchen, z.B. mit Büchern und Unterlagen, per Post an die Westadressaten zu schicken, wobei natürlich die scharfen Kontrollen immer bedacht werden mussten. Schließlich wurde klar, dass es nur eine brauchbare Möglichkeit geben kann, ein paar mehr Sachen mitzunehmen, und das war der damals noch halbwegs freizügige Verkehr mit den S- und U-Bahnen in Berlin, die noch über die Grenze fuhren.

Das wurde dann also auch praktiziert. Beispielsweise so, dass man nach Westberlin dick angezogen fuhr, immer ein Buch las, ein angebliches Geschenk für irgendeinen Geburtstag mitführte und rückwärts nach Ostberlin mit nichts in der Hand und leicht angezogen wie aus der Sommerfrische kam. Das Ganze lief natürlich nicht ohne Aufregungen und Abenteuer ab.

Zwei Beispiele hierzu: Klaus‘ jüngere Schwester Uschi, damals 1960 gerade mal 18 Jahre, hatte sich bei einer solchen Fahrt ein Buch vom Stapel zum Mitnehmen geschnappt und saß in der S-Bahn am Ostkreuz, die über den Südring in den Westen führ. Sie tat so, als ob sie in dem Buch liest. Was sie nicht wusste, war, dass das ausgerechnet ein Buch von Nietzsche mit hochphilosophischem Inhalt war, von dem sie nun so gar nichts verstand. Ausgerechnet an diesem Tag musste sie dann ein Fahrgast ihr gegenüber auf den Buchinhalt hin ansprechen. Was sie da Blut geschwitzt und gestammelt hat, wird sie ihr ganzes Leben lang nicht vergessen. Das vorgetäuschte

Interesse konnte sie ja schlecht wieder aufgeben.

Ein anderes Beispiel, noch mal mit Uschi. Man hatte vereinbart, zu zweit mit der S-Bahn zu fahren, aber nicht direkt nebeneinander. Dies deshalb, dass, wenn wirklich einer bei der Grenzkontrolle herausgeholt werden würde, der andere nicht auch noch dabei war, dies aber wenigstens mitkriegte. Klaus und Uschi erreichen also den S-Bahnhof, auf dem sie losfahren wollten in Sichtabstand, sahen sich auch noch kurz vor Einfahrt des S-Bahn-Zuges, aber beim Aussteigen war Klaus allein und Uschi fehlte. Oh Gott, was war passiert? Klaus wartete den nächsten Zug ab, wieder keine Uschi dabei. Völlig verunsichert brachte er seine mitgenommenen Sachen weg, immer noch in der Hoffnung, dass er dort Uschi treffen würde. Aber Pustekuchen, da war sie auch nicht. Also fuhr er noch aufgeregter nach Hause, um da nach ihr zu sehen – auch nicht da.

Jetzt tagte schon der ganze Familienrat über die Situation. Wurde sie verhaftet und wenn ja, was hatte sie verraten? Es herrschte große Unruhe und große Aufregung. 20 Uhr vorbei, noch keine Uschi da. 21 Uhr, immer noch nichts. Altmählich wurde die Angst immer größer, dass jetzt jeden Moment die Polizei kommen könnte und alle wegen Vorbereitung zur Republikflucht verhaften würde.

Endlich, spät abends, kam Uschi genervt nach Hause. Alle platzten vor Neugier, was sie erlebt hatte. Sie hatte eine Freundin getroffen, die natürlich nicht wissen sollte, dass sie nach Westberlin fahren wollte. Diese hatte sie gefragt, ob sie einfach mit baden kommen wollte, es sei doch so schönes, warmes Wetter. Und weil ihr in der Aufregung nichts Besseres einfiel, hatte sie so harmlos, wie sie konnte, einfach ja gesagt. Freilich hatte sie damit die Fluchtpläne nicht verraten, aber immerhin für einen hohen Preis mit viel Aufregung.

Klaus und Helga wohnten Anfang 1960 noch in Greifswald. Sie hatten dort eine Einzimmerwohnung, aber dies immerhin schon mit eigenen Möbeln. Nach bestandenem Examen hatte Klaus sich ausdrücklich in Berlin beworben, was ihm tatsächlich auch gelang. Allerdings lag die Firma, bei der er dann auch eine Stelle antrat, überhaupt nicht in seinem Interessengebiet. Aber das war ihm egal. Wichtig war ja nur, dass er einen Grund zum Umziehen nach Berlin hatte. Er wollte ja sowieso nicht da bleiben.

Die größte Aufregung für ihn entstand durch eine Briefmarkensammlung, die er natürlich gern mitnehmen wollte. Sie füllte einen ganzen Koffer und war sauschwer. Unauffällig war das Ding auch nicht gerade. Die Überführung in den „Goldenen Westen“ gelang dadurch, dass er in Bernau (Ostberlin) in die S-Bahn stieg und scheinbar offiziell nach Hause in Berlin fuhr, was er ja durfte. Als die Bahn allerdings den Westen durchquerte, änderte er die Fahrtrichtung, sobald er im Westen war. Die Briefmarken haben bis heute die DDR und die „Neuen Bundesländer“ nie wieder gesehen.

Übrigens ist diese Story ein schönes Beispiel für eine Situation, bei der wohl die meisten Menschen kein Unrechtsbewusstsein empfinden würden, sondern eben nur Angst, erwischt und bestraft zu werden. Diese Marken waren Privateigentum und das sollten sie auch bleiben. Kein freiheitlicher Rechtsstaat der Welt sollte das Recht haben, sie wegen irgendwelcher Gesetze wegzunehmen. Naja, dass die DDR eben kein freier Rechtsstaat war, ist heute wohl jedem klar. Der wesentliche Unterschied zu früher ist nur der, dass man das heute auch ungestraft sagen und schreiben darf. Damals war das in der DDR nicht so.

Noch eine böse Überraschung sollten die fünf Fluchtplaner erleben. An einem Sonntagmorgen waren alle Kolbes in der Wohnung der Eltern von Klaus und ließen den Tag gerade gemütlich beginnen. Es waren wieder ein paar Fahrten nach Westberlin geplant. Die wichtigsten Sachen waren aber schon „drüben“. Das Radio lief. Plötzlich trauten alle ihren Ohren nicht, was da der Sprecher eben sagte. Sinngemäß etwa dies: Die Grenzen zwischen West- und Ostberlin sind aufgrund der „ständigen Provokationen von Westberlin“ seit heute morgen geschlossen worden und die S- und U-Bahnen, die bisher über die Grenzen fuhren, enden jetzt vor der Grenze. Die fehlenden Strecken werden von Bussen auf ostdeutschem Gebiet umfahren und die Grenzen sind geschlossen.

Alle fünf saßen fassungslos da und hatten erst einmal keinen Rat. Heute wissen wir, dass dies die Generalprobe für die später kommende Mauer war. Man wollte einfach mal sehen, wie das technisch abläuft. Diese Aktion wurde nach ein oder zwei Tagen dann wieder aufgehoben und die Grenzen waren kontrolliert wieder offen, wie vorher. Aber für Klaus und Familie war klar: Jetzt ist es wirklich fünf vor zwölf. Ein zweites Mal wird da nicht mehr aufgemacht. Also kam der Tag der gemeinsamen Flucht.

Es war ein schöner Herbsttag im Jahr 1960, an dem alle fünf mit der S-Bahn, ohne Gepäck, um an diesem Tage kein unnötiges Risiko zu haben, den Weg in die ungewisse Freiheit erfolgreich anzutreten. Keiner von ihnen wusste genau, was ihn erwartet. Nur eines wussten sie, dass es richtig ist, den Schritt zu tun. Und dass sie sich gegenseitig unterstützen wollten, wenn es einem schlecht gehen sollte. So fuhren sie nach Marienfelde ins Auffanglager für Republikflüchtige und begannen ein neues Leben, und zwar ganz unten, alle ohne Arbeit, mit hundert Mark in der Tasche und ohne Bankkonto.

## 2. Promotion

Diplomchemiker Klaus Kolbe hatte in der DDR sein Examen sehr gut bestanden und stand mit seiner Frau Helga Kolbe in der Warteschlange in Berlin-Marienfelde vor einem der zahlreichen Stellen, die auf seiner Karte einen Stempel machen mussten, um das sogenannte Notaufnahmeverfahren absolvieren zu können. Der „Goldene Westen“ hatte ihnen zwar ein paar DM als Arbeitslosengeld beschert, aber auch gleich ein paar unangenehme Seiten mit dazu. Da hatten doch alle drei Siegermächte des letzten Weltkriegs, nämlich die Amerikaner, die Engländer und die Franzosen, ihre Büros mit den Geheimdiensten, welche die Neuankömmlinge schamlos als willkommene Informationsquellen aushorchten, mit in dieses Notaufnahmeverfahren integriert. Und das 15 Jahre nach Ende des Zweiten Weltkriegs.

Für Menschen, die dem Unrechtsregime der DDR gerade unter mehr oder weniger Risiken entflohen waren, war das ein ganz schöner Schock. Dass das die Bundesrepublik zuließ bzw. zulassen musste, aufgrund der besonderen Situation in Berlin, empfanden wahrscheinlich alle als deprimierend. Aber was soll‘s, da musste man durch, wenn man die Eintrittskarte zum Paradies haben wollte. Also ließen sich die Leute geduldig über ihre Kenntnisse ausfragen, die für die Geheimdienste von Interesse waren. Mancher Mann, so auch Klaus‘ Vater hatte in der DDR sich so gut er konnte vor Denunziationen von Kollegen drücken können, ohne ernste berufliche Nachteile hinnehmen zu müssen. Aber nun stand er noch existenzieller denn je vor der Frage, wie viel er hier Informationen mitteilen oder verschweigen konnte. Diese Erhebungen scheinen für die Geheimdienste seinerzeit sehr ergiebig gewesen zu sein, denn was die Leute so alles auf den Fluren erzählten, war doch erschreckend. Da teilte einer mit, dass der Ausfrager Kenntnisse hatte, wer wo in welchem Geschoss im Hause wohnte, und ein anderer, dass er nach den Transportgepflogenheiten für Raketen Auskunft geben sollte. Klaus und seine Frau Helga waren jedenfalls heilfroh, dass sie offenbar für die Geheimdienste völlig uninteressant waren.

Sicher wird es auch Menschen gegeben haben, die großes Leid in der DDR erfahren hatten und nun froh waren, denen im Osten auf diesem Wege mal richtig eins auswischen zu können und durch gezielte Detailinformationen zu schaden.

Auf Drängen von Klaus hin, dass ein Chemiker nur eine Stelle in Industrienähe finden könne, also in der Regel in Großstädten, willigten die Behörden endlich ein, dass sie alle fünf nach Hamburg ausgeflogen wurden.

Ein letztes Bibbern und Zagen beim Überfliegen des DDR-Bereichs und dann war die ostdeutsche Zeit für sie abgeschlossen. Sie hatten sich alle vorgenommen, wirklich keinerlei Kontakte in den nächsten Monaten und Jahren aufzunehmen, um den Schnitt in ihrem Leben nicht mit irgendwelchen politischen Problemen zu belasten.

Eine zweite Festlegung hatten sich alle vorgenommen. Sie wollten über ihre wirtschaftlich schwierige Anfangssituation nicht hadern und erst nach einem Jahr einmal einen geistigen Kassensturz machen und schauen, wie's dann aussieht.

Erste Station war das Übergangswohnheim. Oh je, das war schon eine schwierige Sache, denn alle fünf mussten in einem Raum übernachten.

Eine normale Dreizimmerwohnung war mit zehn Personen belegt. In der Küche konnte man mit Geldstücken auf dem Gasherd etwas kochen. Im Zimmer standen ein Tisch, drei Stühle und drei Doppelstockbetten. Es war klar, dass jeder hier so schnell wie möglich wieder heraus wollte. Aber dazu musste Geld her und das gab's nur mit Arbeit. Folglich schwärmten erst einmal alle aus, Arbeit zu suchen.

Die Erste, die Arbeit fand, war Helga. Sie war Krankenschwester und fand in der Chirurgie im

Universitätskrankenhaus Eppendorf, also ziemlich im Zentrum Hamburgs, Arbeit als OP-Schwester. Stolz kam sie nach der ersten Gehaltszahlung mit einer Tüte Bonbons für jeden der vier anderen an. So konnte sich jeder mit ihr freuen. Jeden Tag berichtete sie über Neuigkeiten, die hier anders gemacht werden, als sie es bisher kannte. Aber es gab auch Tage, wo sie mit Kenntnissen glänzen konnte, welche die anderen Kolleginnen noch nicht hatten.

Die Nächste war Uschi, die gleich ganz weit ausschwärmte. Sie hatte nämlich in Erfahrung gebracht, dass man nun mit den neuen Papieren auch ins Ausland gehen könne, und verschwand nach Cambridge in England als Aupair-Mädchen in einer Familie. Ihr Ziel war es, schnell gut Englisch zu lernen und ihr Fernweh zu stillen.

Klaus‘ Vater fand sogar mit 58 Jahren noch eine Stelle. Das muss man sich mal vorstellen. Er betreute ein Farbenlager mit Kleinverkauf an Werksangestellte. Das war zwar etwas total anderes als das, was er bisher gemacht hatte, aber er verdiente damit seine Brötchen und war eigentlich auch zufrieden.

Selbst Klaus‘ Mutter kam noch in einer großen Werksküche unter, in der sie einfache Küchenarbeiten machte. Sicher nicht gerade das Gelbe vom Ei. Aber es brachte auch Geld und so kam auch sie eines Tages stolz mit den Bonbontüten und beglückte die anderen.

Der schwierigste Fall war Klaus Kolbe selbst. Er hatte sich bei einigen Großfirmen der Chemiebranche vorgestellt und war auch bis nach Stade hinaus gefahren, aber schon am zweiten Tag erkannte er sein Problem. Was er bisher ein bisschen falsch eingeschätzt hatte, war die Sache mit der Promotion. Fast alle Chemiker hatten einen Doktortitel, er aber nicht.

So wusste er nie so recht, was er auf die Frage antworten sollte: „Wollen Sie noch promovieren?" Sagte er ja, war die Antwort, na dann solle er doch erst promovieren und dann wiederkommen. Sagte er nein, dann wäre diese Möglichkeit vielleicht unwiderruflich in seinem Leben nicht mehr möglich. Mit 25 Jahren war er ja noch sehr jung. Im Osten war es ihm gelungen, ohne Armee sein Diplomchemiker-Examen zu machen und in der Bundesrepublik zählte er auch zu den sogenannten „weißen Jahrgängen", die nicht mehr zum Bund gezogen wurden.

Was tun? Nach den ersten Gesprächen rang er sich durch, weil er unbedingt erst einmal Geld verdienen musste, die Promotionsfrage hintenanzustellen und Arbeit zu finden. In der Diemer GmbH, einer chemischen Fabrik mit einigen hundert Mitarbeitern, hat es dann endlich geklappt.

Sein erstes Gehalt erhielt er im Dezember, noch bar in der Tüte. Endlich konnte auch er seine Bonbontüten mitbringen. Mein Gott, wie gut die ersten selbst verdienten Bonbons schmeckten!

Wie die anderen Familienmitglieder auch musste er den anderen erzählen, was der Mann, der das Einstellungsgespräch geführt hat, ihn denn alles gefragt habe. Da waren wirklich ein paar Sachen dabei, die ihn schwitzen ließen. Z.B. wovon hängt das Endvakuum einer Wasserstrahlpumpe ab? Später war ihm schon klar, dass gute Kenntnisse über die Vakuumerzeugung in einer Firma, die mehrere Vakuumdestillationen durchführt, erforderlich sind. Groß rausgekommen war er, weil er eine wichtige Erfindung des Fragenden kannte. Er hatte unter dem Namen dieses Mannes im „Beyer“, einem der Standardlehrbücher der Organischen Chemie, die betreffende Synthese gefunden. Das war zwar Zufall, aber es gilt seit eh und je der Spruch: Glück hat nur der Fleißige. Professor Beyer war der Leiter des Instituts für Organische Chemie in Greifswald und hatte sein Lehrbuch der Organischen Chemie immer wieder in Neuauflagen aktualisiert.

Klaus war ein guter, fleißiger und ehrgeiziger Chemiker. Selbstverständlich ging er mit vollem Einsatz an seine erste Aufgabe. Es war klar, dass man einem Anfänger nicht gerade die wichtigste und eiligste Aufgabe gibt. Schließlich muss auch er erst mal eine Probezeit hinter sich bringen. Wie in den meisten Chemiefirmen war sein erster Arbeitsplatz im Forschungslabor. Die Firma Diemer stellte in erster Linie Additive für Treibstoffe aller Art her. Nachdem in Hamburg dieser Industriezweig sowieso gut etabliert ist, war das ein gut passendes Zubringergeschäft, das sich der alte Dr. Diemer, der Firmengründer, da vor einigen zig Jahren allmählich aufgebaut hatte. Additive sind Zusatzstoffe zu anderen Produkten. Einige von ihnen sollen den zu schnellen Verderb dieser Produkte verhindern. Und wenn die zu schützenden Produkte so große Umsätze wie z.B. Benzin, Diesel oder Schmieröl haben, dann ist ein Additiv mit nur 0,1 bis 1,0% Zusatzanteil immer noch ein recht großes Produkt.

Und das hatte vor Jahren den alten Diemer auch gereizt: Im Bereich der Zusätze spielte sich noch ein bisschen mehr Chemie ab, als bei der Benzinherstellung. Dort ist die Chemie mit ein paar Chemikern schnell gemacht, und dann haben nur noch die Anlagentechniker und die Finanzexperten das Sagen. Er wollte aber gern Zeit seines Lebens auch noch ein bisschen „an den Molekülen basteln“, wie er sich immer auszudrücken pflegte.

Klaus sollte als erste Aufgabe eine Literaturstelle

nacharbeiten, in der eine Dimerisierung eines Stoffes mit Ultraviolett-Licht beschrieben war. Sein Ansprechpartner war Herr Dr. Neumüller, der Leiter der Abteilung. Er erhielt eine UV-Lampe für Laborversuche und einen Laboranten. Der Labormeister zeigte ihm seinen Schrank für Kleidung und der Laborant, der so fünf bis zehn Jahre älter sein mochte als er selbst, alles weitere. Schlagartig wurde Klaus klar, dass außer der chemischen Aufgabe nun noch eine ganz andere auftauchte, an die er bisher überhaupt noch nie gedacht hatte und, wenn er ehrlich war, auch niemals besonders gelernt hatte. Und das war Menschenführung. Wie geht denn ein junger Chemiker im Alter von 25 Jahren ohne spezielle Fachkenntnisse mit einem Mitarbeiter im Alter von 30 bis 35 Jahren und einem Meister im Alter von 50 bis 55 Jahren um?

Das sind recht schwierige Lehrjahre, die da ein junger Akademiker bestehen muss. Ist er zu zaghaft und vorsichtig, wird bald nicht mehr ernst genommen. Ist er zu hart, werden ihn die „alten Hasen“ bald an die Wand laufen lassen und ihn blamieren. Wohl dem, dem der nächst höhere Chef geschickt und behutsam bei der Suche des richtigen Weges hilft. Klaus hatte das Glück, einem solchen Chef zugeteilt worden zu sein. Er ließ die anderen Mitarbeiter seine Anerkennung des „Neuen“ spüren und ebnete damit Klaus den Weg.

Das erste Arbeitsthema bereitete Klaus an manchen Tagen schon Sorgen, denn es stellte sich bald heraus, dass die UV-Lampe beim Dauerbetrieb doch recht heiß wurde. Sie wurde also mit Luft gekühlt. Damit die Luftzuleitung nicht verstopfen konnte, wurde sie noch durch Glaswolle filtriert. Als es sich nun zeigte, dass die Versuche nur voran kamen, wenn die Laboranlage auch über Nacht lief, bedeutete das, dass sie runde 12 Stunden allein störungsfrei laufen musste. Würde z.B. die Luftkühlung ausfallen, bestünde Brandgefahr, da das verwendete Lösungsmittel leicht entflammbar war. Klaus hatte die Anlage schon vorsorglich ins Freie gebaut, aber trotzdem wäre eine zerstörte und brennende Anlage für ihn ein schlimmer Zwischenfall gewesen. Daher galt sein erster besorgter Blick morgens beim Betreten des Werksgeländes der Anlage. Nun, er hatte Glück, sie hat alle Versuche überstanden. Das gewünschte Präparat konnte er in leidlicher Ausbeute herstellen. Für eine betriebliche Nutzung hatte der Versuch ausreichende Informationen für eine Entscheidung gegeben, dass die Herstellung des Stoffes für Diemer nicht in Frage kommt.

In der Folgezeit erhielt Klaus weitere, kleinere und größere Aufgaben. Manche waren schnell, manche langsam zu erledigen. Er bekam Routine im Umgang mit chemischer Literatur, und zwar vor allem in deutscher und englischer Sprache, aber auch in Französisch, was nur wenige Kollegen beherrschten, und auch mal in Russisch, was gar keiner weiter beherrschte. Klaus war recht gut in Russisch. Er hatte seinerzeit in Greifswald sogar vorzeitig sein Russischexamen abgeschlossen. In der mündlichen Prüfung musste er damals dem Prüfer, einem Baltendeutschen, der wirklich gut Russisch beherrschte, auf Russisch über die Entstehung des Periodensystems von Mendelejew berichten.

Klaus war, nicht nur, was Sprachen anbelangte, eher die Ausnahme bei Chemikern. Die meisten Chemiker sind auf naturwissenschaftliche Interessengebiete festgelegt, wie Chemie, Biologie, Physik, Mathematik, Technik. Medizin stellt schon einen gewissen Übergang zu den nicht naturwissenschaftlichen Bereichen dar. Typisch schöngeistige Bereiche, wie Sprachen, Philosophie und alle Kunstarten, sind für die meisten Chemiker uninteressant. Im Regelfall gehen Chemiker nicht ins Theater. Aber wie schon gesagt, Klaus gehörte hierbei zu den Exoten, denn er war offenbar sehr universell interessiert. Goethe war dies übrigens auch, man denke nur an die Mischung Dichtkunst, Theater einerseits und Farbenlehre, Medizin andererseits. Vor Goethe gab es eine Zeit, in der das Wissen der Welt mit Mühe vielleicht noch in einer Person unterzubringen war. Nachdem aber auf fast allen Wissensgebieten eine Explosion von Wissensstoff erfolgt ist, ist diese Zeit längst vorbei. Heute kann keiner mehr alles wissen. Heute kann jemand nur auf einem sehr schmalen Gebiet gut sein und auf anderen keine bis maximal geringe Kenntnisse haben. Daher ist es heute auch keine Schande mehr, über ein ganzes Wissensgebiet freimütig zuzugeben, dass man null Ahnung hat.

Allmählich war seine Arbeitsgruppe auch personell gestiegen: Aus zunächst einem Laboranten waren ein Meister und drei Laboranten geworden. Obgleich er fachlich unangetastet akzeptiert wurde, war der Umgang mit den Mitarbeitern doch noch immer wieder für ihn ein anscheinend immerwährender Lernprozess. Mal schoss er übers Ziel hinaus, mal war er zu vorsichtig, was sehr schnell von den Mitarbeitern als Führungsschwäche verstanden wurde.

Das Verhältnis zu seinem Chef war sehr gut. Der war auch zeitweise wie ein Vater zu ihm und sprach schon mal mehr persönliche Probleme an. Jeder junge Mitarbeiter sollte froh und dankbar sein, wenn er einen wohlwollenden Vorgesetzten hat. So kam es, dass auch irgendwann das Thema

Promotion angesprochen wurde. Sein Chef erzählte ihm, dass hierzulande die Mehrheit der Chemiker promoviert hat und dass man das auch so sagen könne: Wer nicht promovieren will, der hat keinen beruflichen Ehrgeiz. Das war ja nun ganz und gar nicht der Fall bei Klaus. Also rückte er mit seiner ehrlichen Meinung heraus, dass er schon wolle, aber andererseits seinen Arbeitsplatz nicht gefährden wolle.

Zu seiner Überraschung teilte ihm sein Chef mit, dass es da schon noch Möglichkeiten geben könnte, beides zusammen in Einklang zu bringen. Man hatte vor Jahren einem anderen Kollegen dies auch in der Firma ermöglicht. Kurze Rede, langer Sinn, Dr. Neumüller, sein Chef, kannte an der Uni den Professor des Organisch-chemischen Instituts und bot einerseits an„ihn einmal anzuschreiben, ob er einer Promotion von Klaus bei ihm zustimmen würde, und andererseits bot er an, mit Dr. Diemer mal zu reden, wie man das finanziell „regeln" könne. Für Klaus war das wie Ostern und Weihnachten zusammen. Das wäre ja super, wenn man da einen gangbaren Weg finden könne. Er übersetzte das für sich so: Möchtest du gern Doktor werden? Und ein bisschen Geld kriegst du vielleicht noch dazu. Einfach Wahnsinn, dass es so etwas gab.

Voller Dankbarkeit erzählte er abends Helga davon. Beide waren bereit, sich finanziell noch mal einzuschränken, wenn das nur klappen würde.

Und es klappte wirklich. Der Professor war ein Mann in der gleichen Altersklasse wie der Dr. Neumüller. Er beruhigte Klaus zu seiner Frage, ob denn auch sein ostdeutsches Diplom-Chemiker-Examen anerkannt werde, mit den Worten: „Wenn ich akzeptiere, können Sie auch bei mir promovieren. Und ich akzeptiere es!“

Mit der Firma Diemer wurde vertraglich festgelegt, dass Klaus, solange er promoviert, das halbe Gehalt noch bezieht und sich verpflichtet, nach der Promotion mindestens zwei Jahre noch bei Diemer zu bleiben. Klaus war glücklich über diese Regelung und nahm sofort das erste Thema zur Promotion an. Es war vereinbart, dass die experimentellen Arbeiten bei Diemer ausgeführt werden, die fehlenden Vorlesungen und Praktika aber an der Uni absolviert werden müssen, was einer zeitweisen Freistellung von der Arbeit entsprach. Klaus hatte sich seinerseits aus Dankbarkeit entschlossen, zunächst keinen Mitarbeiter abzugeben und, solange er noch im Labor war, sie auch alle zu betreuen, was er vertraglich nicht musste. Die Experimente für seine Promotion führte er selbst aus und zwar fast ausschließlich in der Freizeit, also abends, mittags, samstags und oft auch sonntags. Er wollte der großzügigen Regelung der Firma auch seine Großzügigkeit entgegen setzen.

Das erste Thema für die Promotion waren bestimmte drucklose Hydrierungen, die, so hoffte sein Doktorvater, zu farbigen Zwischenprodukten führen sollten. Wenn das nachweisbar wäre, hätte man für die theoretische Chemie neue Kenntnisse erhalten, und zwar für die „Elektronenkegelei“, wie das dort gelegentlich im Fachjargon heißt.

Der Mensch denkt, doch Gott lenkt. Die Arbeitshypothese war gut, aber keiner der ca. 20 Versuche ergab auch nur einen gelblichen Schimmer von Farbe. Nix, alles war farblos. Damit war der erste Monat Arbeit in den Sand gesetzt. Gut dass Monatsberichte vereinbart waren. Auf diesem Wege erfuhr wenigstens der Doktorvater immer unverzüglich, ob etwas klappte oder nicht.

In der Chemie ist das nun mal so: Viele Arbeiten im Forschungsbereich ergeben nicht auf Anhieb das gewünschte Ergebnis. Der betroffene Bearbeiter leidet natürlich mit dem negativen Ergebnis mit, obwohl er in der Regel gar nichts dafür kann. Aber das Blöde ist bei der Forschung: Man darf nie sagen, eine Sache geht unter keinen Umständen, weil eben vielleicht ausreichende veränderte Versuchsbedingungen doch die gewünschten Ergebnisse ermöglichen könnten. Alle Versuche können Ergebnisse vom totalen Misserfolg bis zum vollen Erfolg haben.

Auch das zweite Thema ging völlig schief. Oh Gott, wie das an den Nerven zehrt! Es wurde auch beendet nach einem Monat. Immerhin ist ein schnelles Beenden einer Sackgasse noch besser als monatelange Arbeit, die am Ende kein brauchbares Ergebnis hat. Auch solche Fälle hat es schon oft gegeben bei Promotionen. Und es wird sie auch wieder geben. Dann sitzen die armen Kerle Jahre an so einem Knochen und kommen nicht weiter. Im Regelfall wird einem Promovierenden in der Chemie schon eine gehörige Portion an Intelligenz, praktischem Geschick, Organisationsvermögen, Beharrlichkeit und Glück abverlangt, bis mal so ein Thema reif für das Zusammenschreiben ist.

Das dritte Thema, bei dem er selbst Teile vorschlug, funktionierte nun endlich. Es gab verwertbare, neue und interessante Ergebnisse, die sowohl für die Uni als auch für Diemer von Interesse waren. Wer sagt‘s denn, endlich ging die Sonne wieder auf.

Wenn man heute chemische Veröffentlichungen aus den 60er Jahren liest, vermisst man oft Reinheitsangaben der neuen Stoffe. Man darf dabei allerdings nicht vergessen, dass die segensreiche Methode der Gaschromatografie (GC), mit der man heute ganz schnell Verunreinigungen in Flüssigkeiten erkennen kann, mal gerade erst Einzug in die Forschungslabors hielt. Und HPLC-Geräte zur Hochdruck-Flüssigkeitschromatografie, die auch Feststoff-Untersuchungen schnell ermöglichen, gab es noch gar nicht. In den 30er und 40-er Jahren noch konnte ein ganzes Chemikerleben damit verbraucht werden, die Struktur einer relativ einfachen Verbindung aufzuklären. Heute geht das mit GC-MS (MS=Massenspektrometrie)-oder HPLC-MS und einem IR-Spektrum (IR=Infrarot-Spektrum) unter Umständen alles innerhalb eines Tages!

1963 besuchte dann Klaus noch für ein halbes Jahr die Uni ganztags, um die Vorlesungen und Praktika, die für seine Prüfungen eine Rolle spielen würden, zu absolvieren. Dabei machte er eine interessante Feststellung. Er hatte als Nebenfach Zoologie gewählt und besuchte u.a. auch das zoologische Grundpraktikum, in dem auch Kommilitonen des ersten Studienjahres waren. Ihm fiel auf, dass zwischen den jungen Studenten und Studentinnen und ihm doch ein merklicher Unterschied bestand. Erstere waren nämlich noch junge „Schüler“, die noch nicht so recht wussten, wo es langging. Sie begackerten sich wegen jedem Witzchen und konnten einfach Wichtiges und Unwichtiges noch nicht trennen. Entsprechend schwer lernten sie. Klaus merkte an sich ganz klar, dass wirklich gravierende Unterschiede zwischen Studenten des ersten Semesters und Doktoranden besteht. Entsprechend leicht fiel es ihm, innerhalb dieses einen Semesters das Nebenfach noch einzubringen.

Ende 1963 hatte Klaus alles geschafft, was er wollte: Er war Dipl. Chem. Dr. rer. nat. Auf den Doktor der „Naturwissenschaften" war er schon stolz. Denn trotz der Wissensexplosion war dies ein Nachweis dafür, dass er in mindestens einer weiteren Naturwissenschaft auch noch ein bisschen Bescheid wusste.

In Greifswald hatte er eine Zeit lang eine Phase, in der er am liebsten physiologischer Chemiker geworden wäre. Die physiologischen Chemiker sind die Leute, die die chemische Seite biologischer Prozesse, vor allem beim Menschen, untersuchen.

Nun aber stand er als promovierter Organiker, d.h. als Chemiker im Bereich der organischen Chemie, am Beginn seiner Laufbahn in der Industrie. Das Einzige, was er sich jetzt abschminken musste, war die Hochschullaufbahn. Das war vorbei. Nachdem aber die Industrie immer schon die besseren Gehälter zahlte, war diese Entscheidung keine, die mit echter Trauer verbunden wäre.

Dr. Klaus Kolbe nahm 1964 seine Arbeit in der Diemer GmbH wieder auf.

## 3. Forschungszeit

Zurückgekehrt ins Forschungslabor übernahm Dr. Kolbe wieder seine vier Mitarbeiter und stieg sofort in die Bearbeitung neuer Arbeitsthemen ein.

Er lernte in den nächsten Jahren alle nur denkbaren Additive für Lösungsmittel, Treibstoffe, Fette und Öle kennen. Und da gab es eine ganze Menge. Je nach gewünschter Funktion sollten sie den vorgesehenen Flüssigkeiten bestimmte Eigenschaften verleihen, die sie ohne diese Zusätze eben nicht in ausreichendem Maße hatten. Beispielsweise bilden technisch reine Benzine ohne Zusatz von Antioxidantien nach einigen Monaten durch Oxidation mit dem Sauerstoff aus der Luft harzige Anteile, welche die Motoren verkleben und deren Leistung heruntersetzen. Die Zusätze verhindern diese frühzeitige Verharzung und erhöhen Lagerdauer und Qualität der Benzine. Unter den Antioxidantien gibt es nun wieder chemisch ganz verschiedene Stoffgruppen, wodurch zahlreiche Varianten möglich sind. Die richtige Verbindung mit dem optimalen Preis zu finden, ist das Kunststück der Chemiker, Anwendungstechniker und Kaufleute. Außerdem gibt es noch Zusätze, welche die elektrostatische Aufladung herabsetzen. Das hat den Vorteil, dass sich die damit ausgerüsteten Flüssigkeiten nicht so schnell selbst entzünden.

Man kann beinahe gegen alle Negativeinflüsse etwas durch Zusätze tun, z.B gegen UV-Licht-Empfindlichkeit, gegen Metallspuren und noch viele andere Dinge.

Außer seiner Arbeitsgruppe gab es noch eine zweite im gleichen Geschoss. Das war die Arbeitsgruppe von Dr. Bergmann. Der war schon ein paar Jahre länger bei Diemer. Er war entsprechend auch ein paar Jahre älter und stammte aus Südwestdeutschland.

Obgleich weder Dr. Kolbe noch Dr. Bergmann irgendeinen Dialekt sprachen, war doch beim Wortschatz und der Art, über Dinge zu sprechen, leicht ein Unterschied zwischen den beiden erkennbar. Während der eine seine Unerfahrenheit noch mit erhöhtem Einsatz überspielen musste, hatte der andere zu diesem Zeitpunkt mehr innere Sicherheit und menschliche Reife, sodass er viel treffsicherer neue Situationen einschätzen konnte. Die wenigen Male, in denen Klaus sich bei ihm einen Rat holte, konnte er immer ohne groß nachzudenken hilfreiche Hinweise geben.

Dieses sich durchaus freundlich entwickelnde, kollegiale Arbeitsverhältnis wurde allerdings bald etwas durch beginnendes Konkurrenzdenken auf der Seite von Dr. Bergmann getrübt. Und das kam so zustande: Der gemeinsame Chef beider, der Dr. Neumüller, war bereits über 60 Jahre alt und hatte für sich im stillen Kämmerchen beschlossen, Klaus als seinen Nachfolger zu favorisieren. Als er Klaus zur Promotion verhalf, konnte Bergmann das noch als Hilfe für einen Neuling verstehen. Dass aber jetzt der Chef weiterhin sichtbar Klaus mehr Dinge zuspielte, schien ihm kein Zufall oder nur allgemeine Freundlichkeit mehr zu sein. Er hatte das schon sehr klar erkannt, dass die Vergabe eines weiteren Laboranten an Klaus und nicht an ihn, der doch viel länger da war, ein Affront gegen ihn war. Klaus war in die Rolle des Kronprinzen gekommen und hatte keine gute Idee, wie man sich darin so richtig verhält. Es war ja wunderschön, vom Chef anerkannt zu werden, aber vom nächsten Kollegen sichtbar beneidet zu werden, macht keine Freude.

Nun, wie gesagt, diese Situation war neu für ihn, und er unternahm eigentlich gar nichts Klärendes dazu, sondern ließ die Situation einfach mal so laufen. Er war nett zu Bergmann, der dies seinerseits auch war, wenn er sich nicht gerade über eine neue Kleinigkeit ärgerte, die das Konkurrenzbild wieder hochkommen ließ.

Immerhin beobachtete nun auch Klaus diesen Aspekt der Zusammenarbeit etwas genauer, um immer rechtzeitig denkbare Spannungen zu vermeiden.

Bergmann war für Klaus in mancherlei Beziehung ein Vorbild. Er war u.a. in den für Chemiker typischen beiden Vereinen, in der GdCh, der Gesellschaft deutscher Chemiker, und im VAA, dem Verein akademischer Angestellter. Ersterer ist Veranstalter von chemischen Fachvorträgen von Fachkollegen aus aller Welt. Er kümmert sich daher vor allem um die chemische Weiterbildung der berufstätigen Chemiker. Letzterer ist eine Gewerkschaft, die sich vor allem um die Bezahlung und die sozialen Belange der ca. zwanzigtausend Chemiker in der Bundesrepublik kümmert. Es dauerte nicht lang und Klaus war auch Mitglied in beiden Vereinen.

Trotz schöner fachlicher Erfolge, die sich vor allem in Form von Labor-Herstellvorschriften mit relativ einfachen Verfahren und guten Ausbeuten dokumentierten, war sein Reifungsweg nicht immer glatt. Ein paar solcher „Steine“ im Weg sind schnell erzählt.

In dem Labor gab es drei Meister. Einer war bei ihm, einer machte Lehrlingsausbildung und betreute das Chemikalienlager und einer arbeitete beim Chef quasi als Cheflaborant. Irgendwann hatte Klaus die drei Herren, die alle drei älter waren als er und durch den „Neuen“ irgendwo ihre Einflusssphäre etwas sinken sahen, durch ein paar ungeschickte Anordnungen verärgert.

Darauf kamen sie auf die Idee, zusammen mit

dem wichtigsten Laboranten von Klaus einen Brief an den Chef zu schreiben, in dem sie sich über seine Art in höchst überzogenem Stil beschwerten. Für Klaus war das schon ein gewaltiger psychologischer Tiefschlag. Aber er hatte auch eine reinigende Wirkung für alle Beteiligten, denn nachdem alle vom Chef zur Räson gebracht wurden, hatte zum Schluss jeder ein bisschen Schuld und ein bisschen Recht.

Personell entflocht sich diese damalige Situation außerdem noch wie folgt: Der eine Meister beging Selbstmord wegen einer Privatsache, ein anderer wurde in den Ruhestand komplimentiert, weil er herzkrank war, der dritte blieb und war fortan nett, und der Laborant entschuldigte sich für seine Unterschrift auf dem Brief bei Klaus.

Eine andere Ministory war, als ein neuer Laborant Klaus immer nur mit „Herr Kolbe“ anredete, obwohl er wusste, dass Klaus promoviert hatte. Nachdem in den meisten Firmen Chemiker mit Doktortitel auch als Doktor angeredet werden, hatte diese Anrede ohne Doktortitel schon einen leichten Verdacht auf eine kleine Provokation in sich. Die ersten Tage sagte Klaus nichts. Nachdem das aber nicht aufhörte, stellte er den jungen Laboranten doch mal zur Rede. Er teilte ihm mit, was für einen Eindruck er davon habe, und fragte ihn, ob das von ihm beabsichtigt sei. Das Gespräch ging aus wie das Hornberger Schießen, und es kam genau nichts dabei heraus. In seinem ganzen späteren Berufsleben hatten das insgesamt nur zwei Mitarbeiter gemacht. Nach den Erfahrungen des ersten Falles und der Tatsache, dass der Doktortitel kein Bestandteil des Namens ist und folglich auch kein Rechtsanspruch auf die Anrede besteht, war er das zweite mal klüger. Er war dann allerdings nicht nur klüger, sondern auch älter und reifer geworden. Er machte gar nichts und konnte trotzdem gut schlafen.

Übrigens, an seiner Haustür steht heute nur „Kolbe“, sonst nichts.

Bis jetzt hatten Helga und Klaus recht preiswert in einer Mietwohnung in Horn, in der Nähe der Rennbahn, gewohnt. Aber 1966 sollte das Haus von Mietern freigemacht und abgerissen werden, weil ein großes, neues Verwaltungsgebäude dorthin gebaut werden sollte. Sie hatten sich zunächst dort immer recht wohl gefühlt, weil es ziemlich zentral gelegen war. Sie konnten fast in Hausschuhen einkaufen, so nahe waren die Geschäfte. Für zwei Werktätige ist das ganz schön. Sie hatten zwar schon jahrelang einen Bausparvertrag, aber so richtig ernsthaft hatten sie noch niemals daran gedacht, etwas Eigenes zu besitzen, weil die bisher angesparte Summe eher nur ein Sümmchen war und hinten und vorne für ein Haus nicht gereicht hätte. So sehr sie auch überlegten, selbst bauen konnten sie mit so wenig Geld jedenfalls nicht. Also mussten sie sich nach einer neuen Wohnung umsehen. Sie inserierten in der Tageszeitung und siehe da, schon das dritte Angebot sah sehr gut aus: ein Reihenhaus in Groß Flottbek in der Nähe vom Botanischen Garten. Das war zwar die andere Seite von Hamburg, aber das war doch egal. Das Haus war sehr schön und hatte sogar einen kleinen Garten.

Einen Moment hatten sie noch gezögert, weil sie eigentlich so groß nicht geplant hatten, aber Helga zog Klaus beiseite und meinte zu ihm: „Ich meine, wir sollten das Haus schon mieten, jetzt, wo wir bald zu dritt sein werden."

Dem war eigentlich nichts anderes hinzuzufügen als „ja". So kam es, dass sie das Reihenhaus mieteten und noch im gleichen Jahr Nachwuchs bekamen. Es war ein gesundes Mädchen, das sie auf den Namen Katrin taufen ließen.

Beide waren sehr glücklich, dass die Geburt ohne große Komplikationen abgelaufen war. Im Vorjahr war das nicht so gewesen. Da hatten sie die schlimmsten Stunden ihres Lebens mitgemacht. Sie hatten nämlich schon ein Kind bekommen, das aber beim Geburtsvorgang im Gehirn verletzt wurde, sodass es innerlich verblutete.

Es war vor der Geburt völlig gesund, kam lebend zur Welt, hatte Herztöne, fing aber wegen Gehirnblutungen nicht an zu atmen und verstarb am gleichen Tage. Vor allem Helga hatte damals einen Schock für ihr ganzes Leben bekommen, den sie niemals mehr ganz verlieren sollte.

Helga hörte auf zu arbeiten und hatte mit Katrin, Haus, Garten und Ehemann alle Hände voll zu tun.

Diemer hatte, ohne dass es die meisten Mitarbeiter mitbekommen hatten, mit einem amerikanischen Chemiekonzern, der weltweit tätig war, ein Abkommen über Zusammenarbeit im Forschungsbereich geschlossen, Der Vertrag besagte, dass Diemer nach eigener Wahl neue Produkte dem Konzern zur Verfügung stellen konnte, die dieser dann nach seinen Interessen auf verschiedenen Anwendungsgebieten testen würde. Diemer zahlte die Herstellung der neuen Substanzen und die Amerikaner die Anwendungstests. Kommt etwas Interessantes dabei heraus, kann jeder seinen Teil patentieren und mindestens die ersten industriellen Mengen würden die Amerikaner auch bei Diemer herstellen lassen.

Schlecht war so ein Abkommen nicht. Es beflügelte die Forschungstätigkeit einerseits, weil man wusste, die neuen Stoffe würden wenigstens auch anwendungstechnisch geprüft. Für die Anwender war es ihrerseits auch von Vorteil, kostenlos neue Stoffe zu erhalten, die noch niemand anderes hatte. Und selbstverständlich findet bei solchen Zusammenarbeitsformen auch ein gewisser Know-How-Austausch statt. Für Klaus war es auch interessant, das erste Mal etwas direkter „den Duft der großen weiten Welt“ zu wittern. Es beeindruckte ihn ungeheuer, als einmal ein Mitarbeiter dieses Konzerns aus London sich nach dem Stand der Arbeiten am Telefon erkundigen wollte und Klaus, noch etwas unerfahren in solchen Fragen, zunächst vorsichtig erklärte, dass er nicht wisse, ob er ihm darüber am Telefon Auskunft geben könne. Der Anrufer sagte ihm damals, er brauche doch nur von einem zweiten Telefonapparat Dr. Diemer zu fragen, der es sicher erlauben würde, und dann könne er ihm ja berichten. Er würde so lange am Telefon warten. Oh Gott, der Mann aus London würde auf die Berichtfreigabe warten. Er tat, wie ihm empfohlen wurde, und konnte dann berichten. Also, dass da einer die Ruhe hatte, aus London anzurufen und auf ihn zu warten, das führte schon zu einem kleinen Adrenalinstoß!

Durch das Studium einiger technischer Herstellvorschriften der Amerikaner konnte Klaus seine Kenntnisse auch auf dem technischen Bereich erweitern. Auf dem Patentgebiet gab es eines schönen Tages mit den Amerikanern eine bittere Enttäuschung. Diemer, konkret gesprochen Klaus, hatte eine Herstellvorschrift der Amerikaner im Labor „nachgekocht“ und festgestellt, dass sie nur leidlich ging. Das beschriebene Verfahren war ein bisschen zu umständlich und dadurch auch etwas zu teuer. Sein Chef und er bastelten an dem Verfahren herum und konnten es verbessern. Nun sollten im Betrieb die ersten Tonnen produziert werden. Vorsorglich fragte Klaus seinen Chef, wie denn das mit der patentrechtlichen Seite sei. Schließlich hatte ja Diemer dieses Verfahren verbessert. Sein Chef beruhigte ihn mit dem Hinweis, dass das mit den Amerikanern abgesprochen sei, das ganze Verfahren, wenn es technisch auch erfolgreich wäre, gemeinsam zu patentieren. Aber Klaus machte große Augen, als er kurze Zeit später das amerikanische Verfahren als Patent in den Chemical Abstracts als rein amerikanische Erfindung referiert sah.

Erbost, irritiert und enttäuscht sprach er seinen Chef an. Auch der war überrascht von dem Alleingang der Amerikaner entgegen der Verabredung. Aber die hatten Angst gehabt, dass jemand anderes dazwischenkommen könne, und hatten sich dann kurzerhand zu dieser Vorveröffentlichung in Form eines Patents entschlossen. Neumüller und Kolbe brüteten dann eine Weile darüber, was sie machen wollten. Am Ende kam heraus, dass man keinen „Patentkrieg“ mit den Amerikanern vom Zaun brechen wollte. Man entschloss sich zur vornehmeren Variante: Es wurde der deutsche Teil, allerdings auch ohne Rücksprache mit den Amerikanern, patentiert. Das wurde auch akzeptiert.

Ironie des Schicksals war es, dass das nach dem neuen Verfahren hergestellte Produkt doch nicht ganz den Marktanforderungen entsprach. Es musste nämlich noch mal umkristallisiert werden, war dann teurer als nach dem alten Verfahren und dadurch „starb“ die ganze Aktion. Die Umkristallisation ist für die meisten Feststoffe ein gutes Reinigungsverfahren. Nur schade, dass man dabei etwas Substanz und Lösungsmittel verliert und die Anlagen belegt. Und das alles zusammen kostet eben Geld.

Wichtig für Klaus‘ Weiterbildung bei dieser Angelegenheit war, dass er erstmals konkret mit den recht sophistischen Ecken und Kanten des Patentrechts Kontakt hatte.

Im Patentrecht gibt es manche Merkwürdigkeiten. Eine, über die ein Anfänger aus der Forschung regelmäßig stolpert, ist die folgende. Wenn ein Chemiker aus A1 + B1 einen Stoff C1 erhält und allgemeine Chemie-Kenntnisse dann nahe legen, dass auch die ähnlichen Stoffe A2 +

B2 den Stoff C2 ergeben könnten, so wäre dieses Ergebnis, auch wenn der Stoff C2 neu ist, nicht mehr patentierbar. Begründung: Das läge ja nahe und es fehle die „Erfindungshöhe“. Wenn aber der Chemiker in der schier unendlich umfangreichen chemischen Literatur nachweisen kann, dass die Bildung von C2 nicht zu erwarten war, weil er Belege dafür auftreibt, dass meinetwegen A3 + B3 nicht C3 ergeben hat, dann ist die Erfindung doch patentierbar. So kommt es also, dass man sich für die Alltagsarbeit als forschender Chemiker zwar immer chemisch-logisch Arbeitshypothesen erstellt, die aber im Falle von Patentierungsinteressen manchmal völlig umgekehrt werden müssen, weil man dann beweisen muss, dass das Ergebnis überhaupt nicht zu erwarten war und somit völlig überraschend und neu ist. Mh!

Eines Tages tauchte zwischen den Glasflaschen des Labortisches im benachbarten Arbeitsbereich ein neues Gesicht auf. Es war unschwer zu erraten, dass der junge Mann Ausländer war. Er war ein freundlicher Türke mit einem unaussprechlichen Namen. Er arbeitete bei Dr. Bergmann. Na nun hatte ja Dr. Bergmann doch wieder einen neuen Mann bekommen – und noch dazu einen Chemiker, wie es hieß. Vorsichtig tastend fragte natürlich auch Klaus den Neuling aus, wo er denn herkomme und was er so bisher gemacht habe. Er kam von der Uni Ankara. Na ja, klang ja alles ganz gut. Was es aber die nächsten Wochen so zu sehen und zu hören war, ergab doch ein recht schwaches Bild. Obwohl der Mann Diplomchemiker war, waren seine Chemiekenntnisse und vor allen die praktischen Kenntnisse im Labor miserabel. Ob die Uni Ankara damals so schlechten Leuten das Diplom gab oder ob dieser Mitarbeiter ein Ausreißer nach unten war, wer weiß das schon? Auf jeden Fall gipfelte seine Unkenntnis eines Tages in folgendem kleinen Zwischenfall. Er sollte eine Vakuumdestillation einer hochsiedenden Flüssigkeit mit eingesetzter Siedekapillare durchführen. Er hatte seine Apparatur selbst aufgebaut und war dabei, sie anzufahren. Aber sie wollte und wollte nicht friedlich destillieren. Als sich dann jemand die Apparatur genauer ansah, stellte er fest, dass keine Siedekapillare, sondern einfach ein ausgezogener Glasstab eingebaut worden war. Dieser Fehler zeigte so abgrundtief; dass der Erbauer überhaupt keine Ahnung von solchen Arbeiten hatte und es nun auch dem letzten Laboranten im Labor auffiel, dass der Mann noch nicht mal allein als Laborant arbeiten konnte.

Kein Mitarbeiter war traurig, als der Mann eines Tages nicht mehr im Labor war.

Übrigens sollte zig Jahre später Klaus noch einige Diplomchemikerinnen mit ausländischen Examina als Mitarbeiter für eine befristete Zeit betreuen. Auch deren Kenntnisse reichten einfach nicht an ein Durchschnittsniveau einer deutschen Universität heran. Dies gilt insbesondere, wenn die Studienorte nicht in Europa, USA, Kanada oder Japan lagen. Diese Feststellung hat natürlich überhaupt nichts mit der Intelligenz der Betreffenden zu tun. Die Intelligenz ist sicher in anderen Ländern etwa genauso wie bei uns verteilt. Aber es hat sehr viel mit den Bildungseinrichtungen zu tun. Aus schlechten Bildungsstätten kommen in der Regel schlecht gebildete Schüler. Man muss daher volles Verständnis haben für wohlhabende Familien in Drittländern, die ihre Kinder in eines der oben genannten Länder zur Ausbildung schicken. Denn dort haben nach Überwindung der Sprachhürde ausländische Studenten im allgemeinen auch nicht mehr Schwierigkeiten als die jeweiligen Inländer.

Im Forschungslabor war eigentlich alles klar, dass Klaus der Nachfolger von Dr. Neumüller werden sollte, da passierte etwas, womit offenbar niemand gerechnet hatte. Klaus wurde zu Dr. Diemer gerufen. Er sah auf die Uhr: 10:00 Uhr. Das ist was Wichtiges. Er klopfte an und war auch leicht erregt, denn er war bisher noch nie von ihm gerufen worden. „Herein!“, rief es mit fester Stimme.

Beim Eintreten sah er noch zwei weitere Herren, Dr. Neumüller und den Rechtsanwalt Lehnert. Mit Letzterem hatte er eigentlich nur bei der Einstellung kurz zu tun gehabt. Ohne große Umschweife wurde Klaus erklärt, dass einer der Betriebsleiter, und zwar der vom Werk B, das die optischen Aufheller produzierte, die Firma in Kürze verlasse und dass man ihn als seinen Nachfolger vorgesehen hätte. Phhh! Das war aber eine schöne Überraschung: Eher er noch seinen Satz zu Ende bringen konnte, dass er eigentlich und überhaupt .. , fiel ihm Herr Lehnert freundlich mit der Bemerkung ins Wort, dass sich natürlich seine Bezüge auch erhöhen würden, denn es handle sich ja um einen wichtigen Betrieb. Tja, und eigentlich erwarte man gleich seine Antwort. Klaus blickte etwas hilflos auf Dr. Neumüller, der ihn doch bis jetzt immer freundlich beraten hatte und ihn doch wohl mehr als seinen Nachfolger angesehen hatte. Dieser aber nickte bedächtig und sagte, dass es wohl richtig wäre, dieses Angebot anzunehmen, zumal er selbst ja auch einige Jahre früher Betriebsleiter war.

Klaus erbat sich zwei Stunden Bedenkzeit, rief seine Frau daheim an und berichtete ihr von dem überraschenden Angebot. Er musste sich schon innerlich einen Ruck geben. Den ersten Schritt weg von der Uni in die Industrie hatte er vollzogen. Und jetzt noch einen Schritt weiter raus aus dem Labor und rein in den Betrieb, das musste er schon mehr als einmal durchdenken. Besonders gut vorbereitet auf das Betriebsmilieu war er auch nicht. Aber endlich Leiter eine Abteilung zu sein, und noch dazu in einer, in der sich was tat und statt fünf Mitarbeiter jetzt 20 zu haben, das klang alles schon gut. – Zwei Stunden später hatte er den Job.

Er brachte noch seine laufenden Arbeiten zum Ende. Und die stellten für ihn eigentlich auch noch einen wichtigen Schritt für seine spätere Arbeit dar. Er sollte nämlich eine gut für den Betrieb geeignete Herstellungsvorschrift eines mehrstufigen Präparats zusammenschreiben, die dann einer seiner zukünftigen Kollegen übernehmen sollte. Dazu war vereinbart worden, dass er bei der Übertragung mit in den Betrieb gehen solle, um die Übertragung so glatt wie möglich über die Bühne gehen zu lassen.

Die Herstellvorschrift stellte Klaus fertig und dem alten Neumüller konnte man die Freude darüber zehn Meter gegen den Wind ansehen. Sein Gesicht sah aus, als ob es sagte: „Na, was sagt ihr nun? Das ist doch eine hervorragende Arbeit. Und das ist meine Schule. Hier ist mein Samen aufgegangen!“

Dr. Bergmann war über die neue Wende zunächst erfreut, war doch der leidige Konkurrent Kolbe nun aus dem Laborbereich weg, aber seine Freude dauert nicht sehr lange. Dr. Neumüller ging, wie zu erwarten war, in seinen wohlverdienten Ruhestand, aber die erhoffte Ernennung von ihm zum Forschungsleiter ließ auf sich warten.

Zunächst kam es nur zu einem Aushang, dass Bergmann kommissarischer Leiter der Forschung sei. Oh, oh, das klang nicht so gut. Irgendjemand saß da auf der Bremse. Und bald danach klärte sich das Bild immer mehr, denn die Diemer GmbH suchte in Tages- und Fachzeitschriften einen neuen Forschungsleiter.

Armer Dr. Bergmann! Das hatte er wirklich nicht verdient. Ganz ohne Zweifel kannte der Mann sich im ganzen Labor sehr gut aus. Ganz ohne Zweifel war er auch ein hervorragender Chemiker. Freilich war er auch nicht mehr ganz der Jüngste, aber das konnte es nicht sein, weswegen man einen neuen Mann suchte. Vielleicht wollte man einfach mit einem neuen Mann neue Chemie einkaufen.

Denn die Fluktuation bei Diemer war absolut unterdurchschnittlich. Die Mitarbeiter blieben nicht nur sehr lange in der Firma, nein, sie brachten auch noch in vielen Fällen die halbe Familie mit in die Firma. Es gibt ja bekanntlich Firmen, in denen grundsätzlich keine Verwandten akzeptiert werden. Das war bei Diemer ganz anders. Da gab es ganze Clans von Familien, sodass man auf die interne Werkspost in x Fällen noch den Vornamen der Adressaten mit draufschreiben musste, damit der Postbote überhaupt wusste, wer gemeint war.

Diese „Familienwirtschaft“ hatte gute und schlechte Seiten. Gut war, dass jeder immer ordentliche Arbeit liefern musste, wenn er nicht dienstlich und privat einen schlechten Ruf riskieren wollte. Schlecht und gut war, je nachdem, auf welcher Seite man stand, dass sich nahezu nichts geheim halten ließ. Klar, von dem einen arbeitete die Ehefrau als Sekretärin bei dem Dr. Sowieso und von dem anderen war der Sohn Meister in dem und dem Betrieb. Noch einer war mit der nicht zu übersehenden Informationsquelle einer Putzfrau verwandt. Es war zwar manchmal nur zu ahnen, wie die Informationen so unters Volk kamen, aber sicher war, wer kontaktfreudig war, der war immer über alles informiert, was „oben“ lief. Spätestens nach der Mittagspause sickerten Neuigkeiten durch.

## 4. Betriebsgruppe OC

Der Betrieb ist eine andere Welt als jede andere Abteilung einer Firma. Hier herrschen andere Gesetze. Hier sind andere Menschen.

Am ersten Tag kam Dr. Klaus Kolbe in den Betrieb und suchte den bisherigen Betriebsleiter auf. Der Betrieb B bestand aus fünf Einzelbauten. In BI waren die großen Reaktoren und die Räume für den Betriebsleiter, die Meister, der Aufenthaltsraum für das Schichtpersonal und der Duschraum untergebracht.

Klaus lief die Treppe zum 1 .OG hinauf. Dort saß Dr. Noe, der noch insgesamt drei Tage da war. Ihm war eine Stelle in einer anderen Firma im Frankfurter Raum angeboten worden, die einem Produktionsleiter gleich kam. Klar, dass er da ja gesagt hatte. Jetzt war er eigentlich schon am aufräumen. Er gab aber Klaus doch bereitwillig Auskunft über alles, was er fragte. Natürlich gingen sie der Reihe nach in Abwesenheit die Mitarbeiter mit ihren guten und schlechten Seiten durch. Noe zeigte ihm auch, wo die Herstellvorschriften lagen, wo die Betriebsbilanzen, die technischen Zeichnungen und noch anderes mehr. Ein paar Bücher seien ihm persönlich, die nehme er mit.

Er zelebrierte ihm geradezu noch vor, wie schnell man eine Betriebsvorschrift aus den Betriebsprotokollen und eigener Vorortkenntnis schreiben könne. Das machte er nämlich stehend an einer uralten Schreibmaschine, die auf einem erhöhten Rollschrank stand. Er bemerkte sehr wohl, dass seine Sekretärin sich sehr schnell auf Dr. Kolbe einstellte, was ihn offenbar etwas überraschte. Noch ein paar Gespräche über die Diemer GmbH, noch etwas Privates, allgemeines Händeschütteln, gute Wünsche und dann war er weg.

Da saß Klaus nun, das erste Mal in seinem Berufsleben in einem eigenen Zimmer mit einem riesigen Schreibtisch mit Telefon, Aktenablage, Rechenmaschine. Gerade wollte er sich dran freuen, da begann der betriebliche Alltag. Kurzes Klopfen und ohne zu warten kam die Sekretärin herein und hielt ihm mit scheinheiliger, freundlicher Miene einen Zettel über die Anwesenheit der Mitarbeiter der Abteilung hin. „Hier, Herr Dr. Kolbe, das müssen Sie unterschreiben."

Er tat es, cool und scheinbar sicher, was er aber gar nicht war. Wenn hier so ein bisschen jeder dem anderen etwas vorspielte, dann würde er es zunächst auch machen. Trotzdem hatte er natürlich gelesen, was er unterschrieb. Er kannte diese Formulare aus seiner Laborzeit schon, nur hatte dort nicht er sie unterschrieben, sondern der Laborleiter. Was ihm von der ersten Sekunde an klar war, hier im Betrieb werden Unsicherheiten in der Personalführung, und mögen sie noch so berechtigt sein, sofort gnadenlos ausgenutzt und im Gedächtnis einiger Mitarbeiter auf dem Minuskonto gesammelt. Bis man da Routine und Sicherheit bekommen wird, dauert das Jahre.

„Ach noch etwas, schicken Sie doch bitte mal die beiden Meister zu mir!“, gab Klaus der Sekretärin noch mit auf dem Weg.

„Ja, aber jetzt doch sicher nicht. Jetzt ist Frühstückspause. Um 9 Uhr 15 schicke ich Sie Ihnen ‘rein, okay?“

Oh, oh, die Frau ist nicht sauber, klingelte es sofort in seinem Kopf. ‚Das ist eine falsche Schlange. Klaus, pass auf!, waren seine nächsten Gedanken. Wie Recht er haben sollte.

Die beiden Meister waren so unterschiedliche Menschen, wie man sich nur vorstellen kann.

Der Ältere war von der Vorbildung her überhaupt nichts aus der Chemie oder aus dem Betrieb. Er sollte Friseur gelernt haben. Allerdings war keiner der Mitarbeiter so lange da wie er. Irgendwie war er mal in den Betrieb gekommen und hatte sich hochgearbeitet. Der wichtigste Grund, dass er irgendwann einmal zum Betriebsmeister gemacht worden war, muss wohl sein harter Personalführungsstil und sein intensiver Betriebseinsatz gewesen sein. Denn das fiel Klaus als Erstes bei ihm auf. Wenn er etwas zu jemandem gesagt hatte, gab es nur eines, nämlich das zu machen und sonst gar nichts.

Der Jüngere hatte eine Meisterprüfung vor der Industrie- und Handelskammer abgelegt und war fachlich orientiert und menschlich zehnmal freundlicher und umgänglicher. So hatte sich also ein Gespann gebildet aus einem knallharten Typen und einem Fachmann, der ab und zu geben konnte. Und jetzt kam für diese beiden ein neuer Vorgesetzter, der wiederum vor allem fachlich orientiert war und mit Sicherheit nicht zu den knallharten Typen gehörte. Klaus war ja noch nie beim Militär gewesen und hatte folgerichtig auch wenig Verständnis für Kadavergehorsam. Er zählte zu den sogenannten „weisen Jahrgängen", die weder in der Hitlerzeit noch in der DDR-Zeit und auch nicht in der BRD-Zeit zum Militär mussten., Er war nie an einer Waffe ausgebildet worden.

Der ältere Meister hingegen war im Krieg gewesen und wohl auch dadurch so geprägt worden. Außerdem hatte er in diesem Betrieb eine Zeit mitgemacht, in der mehr italienische Gastarbeiter als deutsche Mitarbeiter an den Reaktoren standen. Und die Ausländer hatten natürlich beim Arbeitsantritt überhaupt keine Ahnung von dem, was sie da eigentlich machten. So hatte die Methode einfacher und strenger Anweisungen vielleicht auch einige Zeit ihre Berechtigung, denn andernfalls hätte man überhaupt nicht arbeiten können. Nur, diese Zeiten waren um 1970 schon weitgehend vorbei.

Da konnten die Chemiefirmen doch allmählich ihren Bedarf an ausgebildeten Chemiefachwerkern und Chemiemeistern decken. Die Firmen, die das in dieser Zeit nicht fertigbrachten, die wollten es wohl auch nicht. Man konnte ja schließlich auch Geld mit billigen ungelernten Kräften sparen. Bei der Erinnerung an diese Zeit wunderte sich Klaus eigentlich doch, denn ihm war schon viele Jahre klar, dass ein guter Mitarbeiter besser und sogar auch billiger als zwei mäßige ist. Haben das damals die Leitenden Herren so vieler Firmen in den oberen Etagen wirklich nicht gewusst?!

„Meine Herren", teilte Klaus den beiden Meistern mit, „in den ersten Tagen möchte ich mich mit den fünf größten Produkten zunächst mal befassen. Geben Sie mir bitte nach und nach die zugehörigen Fahrbücher herein. Die Herstellvorschriften und die Bilanzen habe ich ja hier. Ich komme dann wieder auf Sie zu, wenn ich Fragen habe. Punkt zwei, über alle Besonderheiten möchte ich informiert werden. Punkt drei, nach Ihrer Frühstückspause komme ich jeden Morgen zu Ihnen und Sie geben mir immer einen kurzen aktuellen Bericht, was läuft und gegebenenfalls, wo es klemmt."

Viele Jahre später hat mal ein Meister Klaus mitgeteilt, dass die Frage „gibt's was Besonderes?" die schwierigste und gemeinste sei, die es gebe. Kommt nämlich der Meister mit Kleinkram, muss er sich sagen lassen, dass er das ja nun wirklich selbst zu regeln habe. Lässt er aber etwas weg und das wächst sich zu einer mittelgroßen Schweinerei aus und dann kommt er erst, muss er sich fragen lassen, warum er damit erst jetzt kommt.

Die nächsten Wochen war Klaus damit beschäftigt, die Herstellverfahren des Betriebs B, dem er vorstand, durchzugehen. Dazu las er die Herstellvorschriften und lief im Betrieb die Leitungen ab, um sich eine räumliche Vorstellung über die einzelnen Anlagenteile zu machen. Das war gar nicht so einfach, wie es zunächst aussah, denn manche Leitung verschwand in einem Gewirr von anderen Rohren, sodass es nicht immer einfach möglich war, durch bloßes Anschauen herauszukriegen, wie die Einzelteile einer Anlage miteinander verbunden waren. Oft wich vor Ort die Anlage von ersten Zeichnungen ab, weil sie nachträglich verändert worden war. Ein Mitarbeiter, der vom ersten Tage an in einem Betrieb arbeitet, hat da enorme Kenntnisse jedem Neuen voraus. Das ist einer der Gründe, warum gute alte Meister in den

Betrieben sehr wichtige und nicht weg zu denkende Mitarbeiter sind. Aus gutem Grund werden gute Meister auch genauso gut wie junge Chemiker bezahlt.

Nach den ersten Wochen der Einarbeitungszeit mischten sich die ersten kleinen echten Probleme mit in die Alltagsarbeit. Es machte Spaß, sie zu bearbeiten. Mal konnte man sie gemeinsam mit den Meistern erfolgreich lösen, mal ging es nicht und es bildete sich so etwas wie ein gemeinsames Gefühl heraus, dass man im gleichen Boot saß und nun beratschlagen musste, was man nun tat. Mancher Spruch der alten Meister war Klaus neu. Er tat gut daran, sie zu kennen und auch teilweise zu nutzen. So gibt es im Betrieb z.B. einen großen Unterschied zur Forschung, und zwar den Zeitdruck. Während man in der Forschung zur Aufklärung einer unverständlichen Sache noch diesen oder jenen Versuch machen konnte, ging dies im Betrieb in vielen Fällen aus Zeitmangel nicht. Man musste sich auch in mancher unklaren Situation zu einem Schritt entschließen, der nicht immer der optimale sein würde, aber es geht erst mal weiter. Wenn am Samstag morgen eine Leitung überraschend verstopft ist und die Anlage sollte bis Montag stehen, so würde die Aufklärung aller Details meistens viel mehr kosten als der schnelle Ausbau und die Reinigung dieses Rohres ohne

Aufklärung und erneutes An- oder Weiterfahren der Anlage. Ein alter Meisterspruch lautet: Wenn etwas nicht klappt, muss man etwas machen, gleichgültig, ob man immer genau weiß, ob es das Richtige ist. Nur nichts zu tun, ist falsch.

Nicht immer konnte für alle Schwierigkeiten sofort eine perfekte Lösung gefunden werden. Aber wenn eine Sache, die vorher nicht sehr zufriedenstellend lief, durch einfache kleine Tricks mit „Bordmitteln“ zu verbessern war, freuten sich schon alle. So gelang es ihm eines Tages z.B. einen Auswaschvorgang auf einer Zentrifuge durch eine ganz einfache, schnelle analytische Kontrolle mit dem bloßen Reagenzglas und einem Nachweismittel für eine Verunreinigung zu optimieren. In der Folge trat der Qualitätsmangel am Endprodukt nicht mehr auf.

So waren es vor allem die kleinen Verbesserungen, die die Ausbeuten, Mengen und Ergebnisse des Betriebs langsam verbesserten. Als Klaus den Betrieb übernommen hatte, lagen die Ergebnisse nur knapp im positiven Bereich.

Allmählich konnten sich die Zahlen schon sehen lassen, denn das monatliche Plus wuchs um eine Zehnerpotenz.

Das nahm sein Chef Dr. Köttermann natürlich auch zur Kenntnis und damit war Klaus auf dem „aufsteigenden Ast“. Jeder Chef hat zu einem gu-

ten Mitarbeiter ein besonderes Verhältnis. Einerseits freut er sich, weil er den Mann ja da hin gesetzt hat und ein gutes Ergebnis auch für ihn gut ist. Andererseits ist aber auch jeder Chef darauf bedacht, keinen seiner Mitarbeiter so groß werden zu lassen, dass er für ihn selbst zur ernst zu nehmenden Konkurrenz werden könnte. Spätestens dann, wenn er dies fürchten muss, wird er tätig werden.
Klaus' Chef ließ ihn auf folgende Art seine Hörner ablaufen. Zunächst ließ er Klaus ein sogenanntes Schubladenprojekt bearbeiten. Dahinter steckt folgendes Spiel. Klaus wollte eine neue Anlage in den Betrieb zur Erweiterung haben. Köttermann zeigte sich zunächst interessiert und gab ihm den Auftrag, das mal grob zeichnerisch und mengenmäßig schriftlich zu entwerfen. Klaus war begeistert und grübelte, rechnete, zeichnete und arbeitete. Als sein Entwurf fertig war, sagte Köttermann: „Sehr gut, aber zur Zeit ist kein Geld und kein Auftrag dafür da, also heben Sie das mal auf. Vielleicht können wir das noch gebrauchen." Ende der Fahnenstange.

Ein zweites Mal brachte er Klaus bald zur Verzweiflung, weil er ihm einen Investitionsantrag einfach nicht unterschrieb. Jedes Mal, wenn Klaus ihn darauf ansprach, kehrte Köttermann den Spieß um und verwickelte ihn so lange in ein hochnotpeinliches Gespräch über technische Details, bis Klaus passen musste, weil er die nicht kannte. Natürlich ist das eine ganz fiese Methode, denn so kann man jeden guten Gedanken mit Detailfragen an die Wand laufen lassen. Aber noch war Klaus neu im Betrieb und kannte auch die miesen Spielregeln von Vorgesetzten noch nicht. Sein damaliger Chef aus der Forschung hatte so etwas nie mit ihm gemacht. Jahre später wurde ihm erst so richtig klar, was ein weiterer Grund für diese Verhaltensweise ihm gegenüber war. Er, Klaus, hatte ein reines Chemiestudium an einer Universität hinter sich gebracht, sein Chef aber kam von einer TU, einer Technischen Universität, und hatte technische Chemie studiert. Irgendwann wollte er halt gern mal dem „reinen, untechnischen“ Chemiker mit etwas Technik zwiebeln. Auch kein guter menschlicher Zug, aber c‘est la vie, damit muss man rechnen.

Es folgte eine Zeit mit Erfolgen und unangenehmen Zwischenfällen. Einen Monat ging die Monatsbilanz einfach nicht auf. Es fehlten 10 Tonnen eines Produktes. Es war völlig klar, dass es sich um irgendeinen reinen Zahlenfehler handeln musste, denn so eine Menge eines Produktes konnte einfach nicht verschwunden sein. Wer hätte damit denn etwas anfangen können? Klaus und seine Meister konnten aber rechnen und körperlich suchen, wie und wo sie wollten, die 10 Tonnen waren weg. Also wurden sie in die Bilanz als Fehlbestand hinein genommen. Ach Gott, gab das ein Theater. Es ging vor allem auf die Meister nieder. Die müssten doch wissen, wo ihre Produkte sind und, und, und ... Was war die Folge? Sie bauten im Laufe des Jahres einen schwarzen Bestand auf, sodass dieser Fehler nie wieder auftreten konnte. Man weiß bis heute nicht, wo die 10 Tonnen geblieben sind.

Ein anderes Mal wollte ein Kunde eine größere monatliche Menge geliefert haben, als die spezielle Anlage produzieren konnte. Mit ein paar Tricks und kleinen Umstellungen ging das aber dann doch. Fazit: Große Freude überall. Aber wieder musste Klaus eine sich ständig wiederholende Lebenserfahrung sammeln: Angenehme Dinge sind fast selbstverständlich, da redet man nicht viel darüber. Unangenehme dagegen werden gern zum Dauerthema ausgewalzt. Immer, wenn man jemandem etwas vorwerfen will, kann man solche Themen wieder erwähnen.

Ein anderer Zwischenfall lief so ab. Bei der Herstellung eines flüssigen Produktes mussten zwei flüssige Schichten voneinander getrennt werden. In der oberen war das Wertprodukt enthalten. In der unteren war der Abfall, der direkt in den Abwasserkanal ging. Die Trennung wurde durch Betätigen eines Ventils beim Ablassen vorgenommen. Zuerst lief die wertlose Abfallschicht ins Abwasser, danach wurde mit Hand umgestellt und die wertvolle Produktschicht in einen Kessel zur Weiterverarbeitung abgelassen. Der Schichtarbeiter, der die Arbeit ausführte, hatte aber nicht aufgepasst und fort war die wertvolle Produktschicht ins Abwasser. Auch das gab ein großes Theater und wieder Vorwürfe an alle. Nur die Mitarbeiter vom Betrieb haben sich ernsthaft Gedanken gemacht, wie denn eine bessere technische Lösung aussehen müsste, um eine Wiederholung zu vermeiden. Nicht der Köttermann! Der gab wieder nur Vorwürfe und neue Anweisungen von sich. Genau hier hätte er mit seinem Erfahrungsschatz und erhöhter technischer Vorbildung etwas Gutes tun können. Er tat es nicht.

Zu seiner Ehrenrettung sei gesagt, dass er allerdings auch eine gute Seite hatte. Er konnte jemanden noch so „in den Senkel gestellt“ haben, alle Gespräche endeten aber immer freundlich und versöhnlich.

Nach einem Jahr Betriebsleitertätigkeit erhielt Klaus Handlungsvollmacht. Jetzt durfte er mit i.V. unterschreiben. Viele Leute in Deutschland wissen gar nicht, was i.V. eigentlich heißt. Es heißt jedenfalls weniger „in Vertretung“, sondern richtiger „in Vollmacht“. Die nächst höhere Stufe ist die Prokura, ppa, „per procura“. Damit kann man auch größere Verträge schließen. Aber es ist müßig, darüber heutzutage viel zu diskutieren. Schon damals, in den siebziger Jahren, wurden die Gepflogenheiten, wer was mit welcher Ernennung unterschreiben darf, nicht mehr so genau genommen. Alle diese Vereinbarungen haben in der Praxis nur begrenzte, vor allem juristische Gültigkeit. Seit es Telex, Fax und E-Mails gibt, fragt kaum noch einer danach, wer was hat. Wichtig ist überhaupt nur noch die schnelle Fachauskunft und sonst gar nichts. Im Ausland gab es diesen Spuk mit i.A., i.V. und ppa sowieso nicht, wenn man mal von Österreich und der Schweiz absieht. Im Ausland ist jeder für das voll verantwortlich, was er von sich gibt.

Und so wird es bald bei uns auch sein, denn das sog. „lean management“ verträgt natürlich nicht viel Formalitäten.

Ein weiterer kleiner Aufstieg erfolgte ein Jahr später: Klaus erhielt die Leitung zweier weiterer Betriebe, die aber selbst noch einen eigenen Betriebsleiter hatten. Der Betrieb F produzierte vor allem Flüssigkeiten, daher das F. Der andere Betrieb hieß K, weil er vor allem mengenmäßig die Kleinprodukte herstellte.

F wurde von einem Rauhbautz von Betriebsleiter geleitet. Der stammte aus Bayern. Obwohl er mittlerweile hamburgischen Dialekt sprach, hatte er sein Wesen aber immer noch aus dem derben Bayrischen gut erhalten. Nach Frauen hat er auch immer geschielt. „Watt willst du denn, min Deern?“, war einer seiner oft benutzten Einleitungen zu Gesprächen über die speziellen körperlichen Vorzüge seiner jeweiligen Gesprächspartnerin. Er war ein schneller Arbeiter, wenn es ihm lag, was zu tun war. Wenn es ihm nicht lag, hat er aber viele Sachen einfach nicht gemacht. Oder er hielt sich mit saftigen Kommentaren wie „der Jung kann mich doch am Arsch lecken“ nicht zurück. Kurzum, er war ein Mann, mit dem man erst mal lernen musste, auszukommen. Umzustellen war er jedenfalls nicht. Dazu war er auch schon zu alt. Klaus fragte sich, warum der alte Personalchef eigentlich solche Typen früher überhaupt eingestellt hatte.

Der Betrieb K war chemisch hoch interessant, weil alle neuen Produkte dort in Technikumsmengen hergestellt wurden, weil es relativ viel neue Produkte und Verfahren hier zu bearbeiten gab und weil hier am ehesten neue technische Kleinanlagen angeschafft wurden. Aber dieser Betrieb litt an zwei Umständen. Der eine war das Ergebnis. Er machte meistens kein gutes Ergebnis, weil man bei neuen Verfahren oft noch Lehrgeld bezahlen musste. Das wollte aber keiner wahr haben. Das war der erste Grund, weshalb man auf diesen Betrieb so herab schaute. Der zweite Grund war der Betriebsleiter. Dieser Chemiker war ein lieber, guter Mann, aber alles andere als ein Mann mit Führungsqualitäten, Durchsetzungskraft und klarer Linie. Es gab niemanden weit und breit, der sich so schlecht verkaufen konnte. Wenn etwas schief gelaufen war, dann kam er ehrlich und anständig zu seinem Vorgesetzten und hat ihm brühwarm alles, einschließlich seiner Fehler dabei erzählt. Menschlich und fachlich ist das ja alles in Ordnung, aber es passt halt überhaupt nicht zu dem rauen Betriebsklima. Es war klar, dass es nur eines mittelstarken Meisters bedurfte, und der steckte ihn in die Tasche. Und der kristallisierte sich bald heraus. Dieser Betriebsleiter tat Klaus leid. Klaus brachte es normalerweise nicht fertig, über ihn, wie andere das ganz gerne taten, zu lästern. Das verdiente er nicht. Er konnte einfach nicht dafür, dass er so war, wie er war. Der Fehler lag in der Besetzung des Arbeitsplatzes mit ihm. Und das war nicht sein Fehler, sondern der von Köttermann.

Überhaupt sah Klaus nach einigen Jahren klarer in der Personalpolitik, was hier gelaufen war. Der

Personalchef hatte sich bei der Vergabe der Chemikerstellen weitgehend zurückgehalten und hatte das den jeweiligen Fachvorgesetzten überlassen. Dieser wieder, jedenfalls für Köttermann traf das zu, hatte offenbar immer Hemmungen gehabt, auch mal jemandem zu sagen, dass er für diesen oder jenen Posten nicht so recht geeignet wäre. Schon gar nicht hatte er sich zu Entlassungen in wenig befriedigenden Fällen entschlossen. Da waren in den letzten Jahren kaum mal Chemiker in der Probezeit entlassen worden. Man hatte vielmehr immer wieder weiter gehofft, sie würden schon allmählich besser ihren Posten ausfüllen, als zu Anfang.

Da kam noch ein Umstand dazu, der diese Haltung begünstigte. Diemer war nämlich in mehrere Gruppen gegliedert, die von sog. Gruppenleitern geleitet wurden. Die Betriebe von Klaus gehörten zur Gruppe OC , wobei OC für Organische Chemie steht. Eine andere Gruppe war BZ. Das war die Gruppe mit den Benzinzusätzen. Diese Gruppe hatte es in den letzten Jahren mehrfach fertiggebracht, Chemiker, mit denen sie nicht einig wurden, über den alten Diemer an OC abzugeben. In einer GmbH traut sich keiner so recht, sich gegen den Big Boss aufzulehnen. Und so hatte sich der Köttermann schon dreimal „beduppen“ lassen und die schwachen Geister von BZ übernommen. Auf der einen Seite war es menschlich ja sehr honorig, schwache Leute nicht gleich rauszuschmeißen. Auf der anderen Seite kann man aber so auch ein ganzes Unternehmen kaputt machen. Manche Hoffnung wurde bei solchen Überlegungen an den jungen Dr. Diemer geknüpft, der vor kurzem nach einer zweijährigen post-doc-Zeit aus den Staaten gekommen war und zur Zeit in allen Gruppen einigen Monate volontieren sollte. Bisher hatte aber der junge Mann noch nicht mit vielen Mitarbeitern Kontakt gehabt, sodass über ihn noch nicht viel bekannt geworden war.

Der Betrieb K ging in den siebziger Jahren einer aufregenden Zeit entgegen. Immer wieder musste sich der Betriebsleiter anhören, warum er denn so oft Minus mache. Jedes Mal war er nicht der Mann, der mit der Faust auf den Tisch gehauen und seinem Vorgesetzten gesagt hätte, dass das doch unmöglich sei bei dem Konzept, wie es damals betrieben wurde: Preise mit Kunden zu machen, die für Tonnenmengen akzeptabel sind, aber er sollte dafür 100 kg herstellen und, wenn‘s geht, noch drei Versuche dazu extra machen.

Es wurden zur Verbesserung der Situation zwei Dinge beschlossen: 1. Straffung der Produktpalette und 2. Reduktion des Personals. Obwohl man damals noch keine so guten EDV-Möglichkeiten hatte, die Produkte nach allen möglichen Ge-

sichtspunkten zu sortieren, war schon klar, dass 80 % des Umsatzes von weniger als 30 % der Produkte gemacht werden. Also wurden rigoros ca. 60 % der Produkte gestrichen. Das war gar nicht so einfach, weil nämlich an manchem Produkt so viel „Gehirnschmalz“ hing. Oft wollte man gar nicht wahr haben, dass dieses und jenes schwer geborene „Baby“ nun doch sterben sollte.
Da kamen dann auch solche Sachen vor, dass der Verkauf einem Kunden gegenüber absagte und der Diemer bei der zweiten Rückfrage doch wieder ja sagte.

Der größte „Hammer“ kam aber noch für die Abteilung K. Die größten drei Produktionen erfolgten für einen Kunden. Man konnte eigentlich von einer Auftragsproduktion nur für ihn reden. Der Absatz des größten Produkts kam plötzlich aus Gründen, die beim Kunden lagen, ins Stocken. Zunächst wollte der Kunde kein kg mehr abnehmen. Da aber Diemer wegen der Mehrstufigkeit des Materials schon vorproduziert hatte, einigte man sich auf eine Abnahme in den nächsten zehn Jahren. Die Neuproduktion sank von jetzt auf nachher auf Null. Die nächsten Wochen und Monate zeigten, welch verheerende Auswirkung der Wegfall für die Bilanz hatte. K machte ab diesem Zeitpunkt stetig ein fünfstelliges Minus. Klaus wurde unruhig und informierte den alten Dr. Diemer. Der beschloss kurzerhand, mit ihm zusammen zum Kunden zu fahren und mit diesem „klar Schiff“ zu machen. Zu Deutsch hatte man gehofft, die Preise für die anderen zwei Produkte erhöhen zu können. Gesagt, getan. Was aber herauskam, war schlimmer als geahnt. Der Schuss ging voll nach hinten los. Der Kunde stellte alle Bezüge bis auf den Zehnjahresvertrag ein.

Der Betriebsleiter von K trug schwer an dieser Situation. Er wurde krank. Nach einiger Zeit wurde klar, dass er einen leichten Gehirnschlag erlitten hatte. Dies ist ein schönes Beispiel dafür, dass man Verantwortung eben nicht an der Garderobe abgeben kann, sondern ganzkörperlich verkraften muss. Der Mann erholte sich zwar nach einigen Wochen wieder ganz, aber das Schicksal hatte ihm den Zeigefinger gezeigt, sodass er sich nicht mehr alles zumuten konnte.

Überlegungen, in K etwas anderes zu produzieren, mussten mangels konkreter Aufträge aufgegeben werden. So blieb nichts anderes übrig, als die ganze Abteilung aufzulösen.

Der Betriebsleiter ging traurig und enttäuscht ins Labor. Man konnte ihm auf die Schnelle keinen anderen Job anbieten. Der Rest der Mannschaft wurde in ewig langen Sitzungen zwischen Personalbüro, Betriebsrat und Betriebsleitung „arbeitsverträglich“, wie das so schön heißt, aufgelöst.

Immerhin wurden außer Putzfrauen keine Mitarbeiter entlassen. Und selbst die bekamen in diesen Jahren eigentlich sofort wieder irgendwo Arbeit.

Noch eine weniger angenehme Erfahrung musste Klaus in diesen Jahren sammeln: Kurzarbeit. In einem seiner Betriebe musste er mal Kurzarbeit machen.

Wegen drei Wochen war das ein wahnsinniger Aufwand. Was da alles belegt und bewiesen werden musste! Im Nachhinein war er der festen Meinung: nie wieder. Es wäre für ihn, die Mannschaft und die Firma wahrscheinlich besser gewesen, wenn man diese drei Wochen Wartungsarbeiten und Renovierungen vorgenommen hätte und eine kleine Produktion noch auf Sparflamme mitgeführt hätte. Aber manchmal wird man eben erst aus Schaden klug.

Im Betrieb F faszinierte Klaus immer wieder die Vielfalt der Destillationsanlagen. Da waren wirklich technisch fast alle Varianten zum Destillieren vorhanden. Da gab es ganz einfache Anlagen, in der einfach eine Flüssigkeit durch Kochen verdampft und die reineren Dämpfe wieder zur Flüssigkeit kondensiert werden. Das ging natürlich nur mit thermisch stabilen Produkten.

Für die weniger stabilen Produkte waren verschiedene Vakuumdestillationen vorhanden. Und für schwierige Abtrennungen von Verunreinigungen oder auch zur Trennung von Isomeren gab es riesige Kolonnen mit Füllkörpern aller Art. Dabei wurde mehrfach das Prinzip des barometrischen Ablaufs genutzt. Das ist eine ganz raffinierte Sache. Man lässt nämlich die destillierte Flüssigkeit dabei quasi am Vakuum hängen und kann dadurch trotz bestehenden Vakuums ständig Destillat drucklos aus der laufenden Anlage ausfließen lassen. Auch zwei kontinuierlich arbeitende Anlagen waren in F installiert. Solche Anlagen sind zwar technisch sicher der höchste Stand, aber für den Betreiber eigentlich langweilig. Das ist vergleichsweise genauso, wie mit einem teuren Auto auf der Autobahn geradeaus zu fahren. Da spürt man gar nicht richtig, dass man ein tolles Auto hat. Eine von den beiden Anlagen wurde mit einem speziellen Prozessleitsystem gerade ausgerüstet. Das ist ein mehr oder weniger vollautomatisch arbeitendes EDV-System, das die ganze Anlage steuert und betreibt. Solange kein Fehler auftritt, ist es das perfekteste, was es in der chemischen Industrie auch heute noch gibt. Diese Systeme haben nur zwei kleine Haken: Da sind einmal die technischen Fehler in der apparativen Ausrüstung, die langfristig nie zu 100% zu vermeiden sind, und dann die schon mal erwähnte Eigenschaft solcher Anlagen, dass sie fast nichts mehr mit Chemie zu tun haben, sondern eigentlich nur noch aus EDV und Technik bestehen, was einem Chemiker nicht immer unbedingt gefällt.

Beim Umgang mit technischen Mengen flüssiger Substanzen ist ein weiterer Umstand immer wieder beeindruckend. Das sind die großen Stoffmengen, die schon mit recht einfachen Anlagen bewegt werden können. Man lässt sich dabei auch immer wieder schnell täuschen über die Leistungsfähigkeiten von Pumpen und Rohren. Aber ein ganz einfaches Beispiel zeigt dies schon. Wenn ein Rohr einen Radius von 1 cm hat, ist seine Querschnittsfläche bekanntlich 3,14 mal 1 Quadrat, also 3,14 $cm^2$. Ein doppelt so dickes Rohr hat nun aber nicht die doppelte Querschnittsfläche, sondern die vierfache! Warum? Weil 3,14 mal 2 Quadrat gleich 12,56 $cm^2$ ist. Das heißt, dass ein doppelt so dickes Rohr die vierfache Menge pro Zeiteinheit durchlässt. Und um das Spielchen noch weiter zu treiben: Wenn der Radius 4 cm geworden ist, steigt die Fläche auf das 16fache! Daher erklärt sich leicht die Täuschung, dass ein „nur wenig größeres“ Rohr doch erstaunlich viel mehr Flüssigkeit transportieren kann, als man zunächst meint.

Auch ein anderer Effekt erstaunt immer wieder die Menschen bei Flüssigkeiten. Wenn ein Tank oder eine Rohrleitung eine Leckage haben, und es

„tröpfelt nur“ ein bisschen, oder so „ein kleines stricknadelstarkes“ Rinnsal ist feststellbar, sind sehr häufig die ersten Schätzungen über die ausgetretene Gesamtmenge total verkehrt. Man kann sich einfach ohne Berechnung nicht vorstellen, wie viel Flüssigkeit zu einer Leckage herausläuft, zumal häufig noch ein unbekannter Zeitfaktor dazukommt. Es soll immerhin Fälle gegeben haben in der Industrie, in denen ganze Lagertanks unbemerkt leer gelaufen sein sollen. Die Beseitigung der Umweltschäden kann dabei locker die Millionengrenze überschreiten!

Doch zurück zum Alltag des Betriebsleiters Kolbe. Es war Freitagmittag und er machte einen Rundgang durch die Betriebe B und F. Als er in der einen Anlage in F keinen Arbeiter sah, wurde er stutzig und sah auch in das Kellergeschoss, das er normalerweise nicht immer inspizierte. Im ersten Moment konnte er gar nicht glauben, was er da sah. Da watete ein Mann mit Stiefeln in ca. 10 cm hoch stehender dunkelbrauner Flüssigkeit am Boden und war gerade dabei, eine Fasspumpe anzustellen, deren Schlauchende im Nebenraum im Abwasserkanalgully lag. Offenkundig wollte der Mann ausgetretenes oder irgendwo übergelaufenes Produkt einfach in den Abwasserkanal wegpumpen.

Offenbar war seine Angst, dass sein Fehler entdeckt würde und er dafür geradestehen müsste, viel größer als alle Vernunft, dass er damit sich selbst in völlig unvorhersehbarer Weise gefährdet, dass er wirtschaftlich einen Schaden erzeugt und dass er unüberschaubar gegen jeden Umweltschutzgedanken verstößt.

Psychologisch gesehen waren das vielleicht auch Folgen der Behandlung der Leute durch den alten Meister mit seinen drakonischen Methoden. Aber wie dem auch sei. So ein Fehlverhalten war nicht zu verstehen und nicht zu vertuschen. Der Mann musste ernsthaft verwarnt werden, was ihn nun seinerseits in einen sehr labilen und erregten Zustand versetzte.

Nun, der Mann kam ohne sichtbaren Gesundheitsschaden davon, das Produkt wurde vor der Vernichtung gerettet und es kam auch nicht zu einem Umweltproblem.

Leider zeigte sich der Mann gegenüber den Vorhaltungen, die er natürlich bekam, nicht besonders einsichtig, was Klaus in seiner Haltung nur bekräftigte, ihm eine schriftliche Abmahnung zu erteilen.

Wie unterschiedlich allerdings die Situation plötzlich aussieht, wenn ein verdienter Meister auch mal einen saublöden und eindeutigen Fehler macht, sollte er schon einige Tage später erleben.

Ein Meister hatte selbst ein flüssiges Produkt in einen Rührkessel eingefüllt. Er hatte aber vergessen, den Kesselauslauf zu schließen. So lief das gesamte Produkt unten wieder heraus auf den Boden und von da in den Gully, der zur Abwassergrube führte. Der Meister war zu Tode erschrocken und bereute seinen Fehler sichtbar. Was sollte Klaus nun tun? Einerseits hatte er sich vorgenommen, alle Mitarbeiter „gleich“ zu behandeln. Aber offenkundig gab es hier fundamentale Unterschiede: Auf der einen Seite Dummheit, Vorsatz und Wiederholungsgefahr und auf der anderen Seite ein Versehen, jahrelange gute Arbeit und tiefste Reue. Es fiel ihm zwar schwer, aber er wich doch von seinem Grundsatz der Gleichbehandlung ab.

Wenn zwei das Gleiche tun, ist es eben oft bei näherer Betrachtung doch nicht das Gleiche. Und dann ist wohl eine unterschiedliche Behandlung doch richtiger als eine Gleichmacherei.

Gottseidank kamen aber solche Zwischenfälle nur äußerst selten vor. Und aus jedem Schaden wird man klüger, d.h., man ergreift natürlich Vorsorgemaßnahmen, um Wiederholungen auszuschließen.

Interessant ist, dass heute, beim Umgang mit Gefahrstoffen, vom Hersteller sog. Gefahrenanalysen schriftlich gefordert werden. D.h., der Hersteller muss erläutern, was er an Vorkehrungen gegen denkbare Fehler getroffen hat. Das macht zwar alles Arbeit und kostet Geld, ist aber eine richtige und gute Forderung zur Erhöhung der Sicherheit von Chemieanlagen.

Mit Kollegen hatte Klaus in den ersten Jahren aus seiner Sicht weder ein schlechtes noch ein besonders gutes Verhältnis. Trotz der zeitweisen Rivalität mit Dr. Bergmann im Labor waren sich diese beiden anscheinend doch recht sympathisch. In der Laborzeit gab es da so eine kleine, lockere Gruppe mit noch einem Kollegen, die öfter mal etwas zusammen machten und sich so auch allmählich im privaten Bereich näher kannten. Aber das persönliche Verhältnis blieb immer auf einer gewissen Distanz stehen. Z.B. bot keiner dieser drei dem anderen das Du an.

Die neuen Betriebsleiterkollegen waren offenbar alle ziemliche Individualisten und „Einzelkämpfer“. Einerseits hatte jeder ein gerüttelt Maß an Arbeit, und das z.T. auch an den Wochenenden, sodass private Kontakte nun nicht gerade leicht gehalten werden konnten. Aber auffallender war wohl, dass die meisten von ihnen sehr unterschiedliche und sehr ausgeprägte Charaktere aufwiesen. Sie waren also nicht gerade leicht unter einen Hut zu bringen. Sie waren alle Einzelkönige in ihrem Bereich. Jeder schien auch noch den „Generalstab im Tornister“ zu tragen, d.h. jeder hatte im Hinterkopf Hoffnungen für einen weiteren beruflichen Aufstieg. Zunächst war Klaus als Neuling für sie alle keine Gefahr, denn er musste sich erst mal die Sporen als Betriebsleiter verdienen.

Der eine war immer am Hausbauen, der andere war ein Geldfan, der nächste hatte es mit Schießen und mehrere andere waren, wie konnte es in Hamburg anders sein, Bootsfans. Die letzteren hatten überhaupt nie privat Zeit. Denn ein Boot fordert seine Stunden. Es fordert noch viel mehr. Wer selbst je ein Boot besessen hat, wird sicher die nachfolgende Bemerkung bestätigen: Hast du ein Boot, brauchst du Zeit. Ist das Boot fertig, brauchst du einen Trailer. Hast du einen Trailer, brauchst du einen größeren PKW. Hast du Boot und PKW, brauchst du Liegeplatz und Garage. Wenn du alles hast, hast du kein Geld und keine Zeit mehr. Und ob du nun ein Döschen Lack oder einen Karabinerhaken brauchst, fürs Boot kostet alles das Dreifache, als du dachtest.

Kurz und gut, wenn sich Klaus nicht besonders um eine persönliche Freundschaft bemühen würde, war kaum damit zu rechnen, dass unter diesen Umständen eine solche allein entstehen würde.

Klaus bemühte sich nicht um solche Freundschaften, in denen er den anderem quasi hinterher kriechen müsste. Das war nicht sein Stil.

Zu diesem Zeitpunkt vertrat er allerdings auch noch eine Auffassung, die sich später als nicht immer zutreffend herausstellen sollte. Er glaubte nämlich ziemlich fest daran, dass ein Akademiker nicht nur ein Fachmann sein sollte, sondern auch auf Grund seiner Hochschulausbildung im ethischen Sinne ein Vorbild. Zumindest unterstellte er, dass andere Akademiker, wie er, das größere Wissen und die höhere Intelligenz nahezu ausschließlich zum Wohle der Menschheit einsetzen würden. Hier irrte er doch ganz gewaltig, denn Akademiker sind zwar recht intelligente Menschen, aber in der Regel keinen Fatz besser als andere. Leider treten die Kombinationen von Intelligenz mit guten und schlechten Charakteren nahezu gleich häufig auf. Und intelligente plus böse Menschen darf man getrost zu den gefährlichsten Typen der Menschheit rechnen, die auf unserer Erde herumlaufen. So haben nicht nur die „Guten“ wie Christus, Buddha und Theresa ihren Einfluss auf der Erde hinterlassen, sondern auch die „Schlechten“ wie Napoleon, Hitler und Stalin. Ein gutes Stück unseres Lebens verbringen wir damit, herauszufinden, wer unserer Bekannten eigentlich mehr zu der einen oder mehr zu der anderen Seite gehört.

Eines Tages saß Klaus in seinem Betriebsleiterzimmer und quälte sich wieder mal durch ein neues Umweltgesetz. Das war auch so eine Sache. Beinahe jeden Monat kam in den siebziger Jahren eine neue Verordnung oder ein neues Gesetz heraus, das sich irgendwo auch auf seine Anlagen bezog. Obwohl in der Geschäftsleitung gut bezahlte Juristen saßen, machten die Herren sich das Leben mit diesen Gesetzen immer sehr leicht. Man schrieb eine kleine Notiz dazu, dass die im Verteiler genannten Herren in der Anlage das betreffende neue Gesetz erhielten mit „der Bitte um Beachtung“. Toll. Die Betriebsleiter sollten sich nun den Kopf zerbrechen, wie die praktische Umsetzung aussehen sollte.

Entsprechend waren die Reaktionen auf diese verhungerte Form von Anweisungen auch sehr unterschiedlich. Der eine hat ruckzuck nach seinem persönlichen Verständnis etwas eingeführt in seinen Bereich. Ein anderer hat sich weitere Ergänzungen und Ausführungsbestimmungen beschafft. Ein Dritter hat seine Kollegen beäugt, was die machen. Und die Choleriker haben das Ding in die Ecke gefeuert und gar nichts gemacht. Kurzum, es gab hier ein ewig nicht ganz klares Gebiet, wer was und wie zu tun hatte. Und spätestens, wenn es Geld kostete, blieben die notwendigen Investitionen im Gestrüpp der internen Genehmigungsverfahren auch noch hängen. So gesehen, war es auch nicht mehr ganz einfach, klare Zuständigkeiten für die Durchführung zu erkennen. Nur so viel war klar: Wenn ein Betriebsleiter einen konkreten Antrag zur Durchführung einer umwelt- oder arbeitssicherheitsrelevanten Einrichtung gestellt hatte, war er die Verantwortung wenigstens in erster Instanz los. Sagt die Geschäftsleitung ja, war er wieder an der Reihe, alles zu realisieren. Sagt die Geschäftsleitung nein oder gar nichts, war die Geschäftsleitung für die Nichteinführung zuständig.

Ein anderes Mal legte Klaus gerade die neuen Unterlagen zur Einrichtung von Tankwannen für einen Moment beiseite, um die „normale" Post erst mal schnell zu erledigen. Da blieb sein Blick an einer Aktennotiz seines Chefs hängen. Er traute seinen Augen nicht, was er da las. Die seinerzeit im Nachbarbetrieb von einem Kollegen hergestellten 10 t R24, das war die werksinterne Bezeichnung für den Lichtstabilisator nach dem neuen Verfahren, waren vom Kunden wegen angeblich zu dunkler Farbe abgelehnt worden und sollten jetzt bei ihm im Betrieb umkristallisiert werden.

Die Kosten, sprich der Verlust, sollten bei ihm verbucht werden. Er war außer sich, denn das würde sein Betriebsergebnis unweigerlich verderben. Aber eine kurze telefonische Rücksprache bei Köttermann bestätigte ihm den Beschluss.

„Das sind ja tolle Methoden, wie man die Motivation und das Image von Mitarbeitern killt ...“, entfuhr es ihm. Ein paar wichtige Leute in der Firma wissen am Jahresende dann nicht mehr, *warum* die Ergebnisse schlecht sind, sondern nur, *dass* sie schlecht sind. Klaus war zu jung und zu loyal, um dagegen ernsthaft Einspruch zu erheben. Also blieb es dabei: Dieses Minus wurde seiner Kostenstelle angehängt.

Gott sei Dank gab es für Klaus auch schöne Stunden. So hatte er mit den Meistern zusammen den Versuch gemacht, das Ablassen eines heißen Destillationsrückstandes, das immer mit ziemlich viel Stinkerei verbunden war, durch Anbau einer einfachen Fertiggarage um die Emissionsstelle herum zu verbessern. Und das hatte geklappt. Auch die Mitarbeiter wurden gut damit fertig. Das war so ein Moment, wo Klaus sich freuen konnte.

Ein paar Tage später gab es wieder eine große Aufregung. Da ein Kunde eine immer größere Menge eines Produktes beziehen wollte, versuchte Klaus mit seinen Meistern, die Ansatzgröße dieses Produktes in den gleichen Apparaten etwas zu vergrößern. Das ging auch bei den ersten Prozenten gut bis zu jenem Donnerstag Vormittag, an dem die Ausgasreaktion sich etwas verzögert hatte und nun die gerührte Mischung wie ein zäher Brei im Kessel leicht schaumig immer höher wuchs. Meister und Klaus standen davor und versuchten verzweifelt durch schnelleren Rührerlauf und durch kurzes Abstellen des Rührens sowie Kühlung auf den Schaumanstieg Einfluss zunehmen. Es half alles nichts. In den nächsten Minuten musste der Kesselinhalt zum Mannloch herauskommen. Klaus schickte einen Meister ins Erdgeschoss, der dafür sorgen sollte, dass unter dem Kessel kein Mitarbeiter mehr stand, und dann war es so weit.

Wie der süße Brei im Märchen floss die dickflüssige gelbe Mischung über den Mannlochrand ins Geschoss und am Apparat hinunter ins Erdgeschoss. Entsetzt standen die vier Leute davor, bis sich Klaus als Erster wieder fing. Er wies die Meister an, sofort mit dem Wasserschlauch die ausgetretenen Teile von der Anlage abzuspritzen, um eventuelle Korrosion durch die enthaltenen Säureanteile zu verhindern. Für eine Sekunde schoss ihm der Gedanke durch den Kopf, dass der ganze, mehrere Tonnen schwere Koloss aus der Verankerung reißen könnte. Aber dazu war die Einwirkungszeit der Säure zu kurz. Nachdem die Reaktion wieder nachließ und alles nachhaltig weggespritzt war, sank der Puls wieder. Der Schaden war gering. Der Apparat musste nur neu gestrichen werden. Aber aufregend ist so etwas allemal, wenn Produkt unplanmäßig irgendwo austritt. Die ganze Aktion endete immerhin damit, dass die Monatsproduktion dieses Produktes ohne apparative Änderung erheblich gesteigert werden konnte.

In den siebziger Jahren war es noch in vielen Firmen üblich, für eine Reihe von Stellen eine Art Personalvorrat zu haben. So hatten damals viele Chemiebetriebe auch für Betriebsleiter genügend Nachwuchspersonal. Ein Bekannter von Klaus war z.B. in einem Chemiekonzern in einen Betrieb mit ziemlich nichtssagenden Versuchen beschäftigt, weil man gar keine richtige Stelle für ihn hatte. Trotzdem wurde er von der Firma weiter gehalten. Dem Mann wurde es übrigens eines Tages zu dumm und er kündigte. Heute würde beides nicht mehr vorkommen. Bei Diemer wurde so viel Personalluxus zwar nicht betrieben, aber eine gewisse Vorsorge betrieb man auch. So wurde eines Tages Klaus ein junger Chemiker aus dem Labor zugeordnet, der erstmals einen regelrechten Umlauf durch mehrere Betriebe absolvieren sollte, um möglichst umfassend die Betriebe der Gruppe OC kennenzulernen. Das fanden damals alle gut, auch Klaus. Da der junge Mann nur drei Monate in jedem Betrieb bleiben sollte und kein geeignetes Zimmer zur Verfügung stand, einigten sich Klaus und er, diese Zeit zusammen in einem, nämlich seinem, Zimmer zu sein. Groß genug war es und so oft gab es keine streng vertraulichen Gespräche, bei denen Klaus keine Zuhörer haben wollte.

Dr. Sauter hieß der junge Mann. Er war umgänglich, ruhig, besonnen und ganz offenkundig geschickt und ehrgeizig. Eigentlich alles, was man von einem guten, jungen Mitarbeiter erwartet. Andeutungsweise hatte er auch gelegentlich seinen eigenen Kopf. Aber das hatte er gut im Griff. Klaus gab Sauter in B3 und F ein konkretes Arbeitsgebiet, in das dieser sofort voller Eifer einstieg. Seine Arbeitsweise war wirklich okay, denn er verschaffte sich zuerst jede Menge Zahlenmaterial, um sehr konkret etwas über die zu prüfende Verbesserungsmöglichkeiten aussagen zu können. Bald konnten dann in dem einen Fall Verbesserungsversuche gefahren werden. In dem anderen Fall stellte sich bald heraus, dass hier die Anlagen absolut nicht geeignet waren, worauf dann die Marschrichtung auf externe Versuche bei einem Apparatehersteller besser geeigneter Anlagen eingeschlagen wurde. Auch dieser Weg war erfolgreich, sodass beide Arbeitsgebiete im gewissen Sinn erfolgreich abgeschlossen werden konnten. Klaus wurde von Köttermann um eine schriftliche Beurteilung von Sauter gebeten. Sie fiel sehr gut aus.

In einem wichtigen Punkt war Klaus mit seinem

gesamten Betriebsbereich in zunehmendem Maße unzufrieden. Immer wenn er eine größere Investition zur Vergrößerung oder Verbesserung vorhandener Anlagen bei Köttermann ins Gespräch brachte, wiegelte dieser seine Interessen mit dem Argument ab: „Haben Sie Aufträge für die vergrößerte Produktion?“ Und wenn ein Kunde eine größere Menge, meistens schnell, haben wollte, konterte Köttermann oft so: „Wir können nicht in wenigen Wochen die Anlagen erweitern.“ Auf diese Weise würde nicht so schnell eine signifikante Produktionserweiterung oder -modernisierung möglich sein. Klaus war daher ein bisschen neidisch auf die Investitionen größerer Anlagen bei seinen Kollegen. Gab es dort tatsächlich immer andere wirtschaftliche Konstellationen oder war er nur zu doof, sich durchzusetzen?

## 5. Betriebsgruppe BZ

Klaus legte die werksinterne Mitteilung von Köttermann mit gemischten Gefühlen beiseite. Köttermann hatte ein neues Organigramm über die Organisation der einzelnen Bereiche erstellt und nun unter die Leute gebracht. Anlass dazu waren wohl die neuen Ideen des Qualitätssicherheitsbeauftragten. Danach war er nach wie vor Leiter von OC mit den Werksanlagen B, K und E, aber auch, und das war neu, Stellvertreter für den Gruppenleiter in BZ, der Produktion von Benzin-Zusätzen.

Gemischt waren seine Gefühle aus mehreren Gründen. Einerseits freute er sich über das erweiterte Verantwortungsgebiet. Andererseits waren da aber auch zwei weniger angenehme Seiten. Die eine davon war die umfangreiche Arbeit für ihn, denn immerhin musste er sich nun wieder in ein neues Arbeitsgebiet mit einarbeiten, das auch recht aufwendig war. Die hier hergestellten Produkte hatten ein ganz anderes Eigenleben von der Technik bis zum Verkauf.

Der zweite Punkt machte ihm aber noch viel mehr Bedenken. Das war der Leiter dieser Abteilung. Dieser Dr. Bock, er wurde von den Leuten der „Bock BZ“ zur Unterscheidung vom „Bock F“ genannt, trug seinen Namen zu recht. Er war ein schwieriger und eigensinniger Zeitgenosse. Natürlich hatte er nicht nur blöde Eigenschaften, sonst wäre er längst nicht mehr an seinem Platz. Er brachte nämlich in den meisten Monaten gute Ergebnisse mit seinem Laden zu Wege. Er hatte eine trickreiche Haltung bestimmten Personen gegenüber entwickelt. Mit den Leuten, auf die er entweder angewiesen war, so z.B. seine Meister, oder die ihm nützlich waren, z.B. ausgewählte Forschungsleute, die ihm zuarbeiteten, oder Werkstattmeister, die seine Anlagen bevorzugt im Schuss hielten, zu denen war er nämlich freundlich. Alle anderen ließ er je nach Ranghöhe mit Informationen verhungern oder ganz links liegen. Dabei bediente er sich gern einer drastischen Sprache. Man konnte sie schon gelegentlich als Fäkalsprache bezeichnen. Selbst seine eigene Familie nahm er dabei nicht aus. Kinder waren bei ihm schon mal „biologischer Müll“ Und seinen Arbeitgeber bedachte er mit solchen Bemerkungen: „Als ich aus dem Urlaub zurückkam, habe ich erst mal geguckt, ob noch Diemer am Eingang steht. Es hätte ja sein können, dass der Laden schon Bankrott gemacht hat.“

Aber wie das eben in der Industrie ist: Solche noch so blöden und menschenverachtenden Reden wischen Vorgesetzte dann gerne beiseite, wenn am Monatsende ein schönes Plus aus der Abteilung herausgekommen ist.

Klaus hatte das Verhältnis zu diesem Manne richtig eingeschätzt: Es war ein geleimtes und künstlich am Leben gehaltenes, aber keines, das auf Sympathie beruhte. Es war ihm klar, dass die kleinste Störung der Zusammenarbeit oder eine Schnapsidee von Bock sofort zu Problemen führen würden.

Die Frage, warum Klaus überhaupt zu Bocks Stellvertreter ernannt worden war, konnte er erst im Nachhinein beantworten. Es lag nicht an der Qualitätssicherung. Es war zu Unregelmäßigkeiten in einigen Betrieben gekommen, weil die Betriebsleiter ohne Ernennung von Stellvertretern gleichzeitig mit ihren Meistem in Urlaub gegangen waren und bei einer Betriebsstörung kein Fachmann zur Verfügung. stand. Deswegen hatte Köttermann ziemlichen Ärger gemacht und bestand nun drakonisch auf eine Festlegung. Da ihm kein anderer Mann geeignet dafür schien, hatte er sich für Klaus entschieden.

Um Dr. Bock BZ richtig zu beschreiben, muss man noch etwas wissen. Bock hatte an der Uni in Hamburg im Fach Physikochemie promoviert. Nur das hatte ihn interessiert. Seine erste Stelle hatte er dann auch im physikalisch-technischen Bereich angetreten. Und heute machte er gar keinen Hehl daraus, dass er von der organischen

Chemie nicht so viel hielt, sondern sich mehr für die physikalisch- technischen Probleme und Lösungen interessierte. So war er mehr stolz darauf, eine gute Vakuumdestillation mit perfekten Mess- und Regelgeräten zu haben, als ein fünfstufiges Herstellverfahren zu beherrschen. Klar, dass man damit Technikern und Kaufleuten imponieren kann, aber organisch-chemischen Tüftlern nicht. Und zu den Letzteren war Klaus mit Sicherheit zu rechnen.

Da war noch ein Punkt, der den Umgang mit diesem Betriebsteil erschwerte. Bock hatte nämlich um seinen Bereich so etwas wie einen unsichtbaren Schutzwall errichtet. Alle unangenehmen Zwischenfälle, hatte er seinen Leuten beigebracht, werden intern in seinem Hereich besprochen und bereinigt. Nach außen werden sie nicht erwähnt oder vertuscht oder so heruntergespielt, dass sie fast nicht stattgefunden haben sollten. Die Mannschaft war derart intensiv in dieses System einbezogen, dass es einem Außenstehenden praktisch völlig unmöglich war, irgendeinen Zwischenfall objektiv aufzuklären. Da wurde nichts dokumentiert, sondern nur mündlich besprochen und geknuschelt und gemuschelt, bis keiner mehr die Wahrheit erkennen konnte. Die Mitarbeiter waren durch diese Rückendeckung für sie selbst dann auch bereit, für ihren Chef zu lügen.

Klaus war von seinem Wesen her ein völlig anderer Typ. Er hatte sich selbst bewusst zur Wahrheit erzogen, um so objektiv wie möglich allen Dingen ins Auge sehen zu können. Er war aber zunächst klug genug, diese unterschiedliche Sicht der Dinge nicht gleich zu einem Streit kommen zu lassen.

Im Moment waren die Gemüter der Abteilungsleiter mit einer ganz anderen Sache befasst, die eigentlich mit Chemie direkt gar nichts zu tun hatte. Den Verkauf leitete Dr. Sauter, der seit kurzem den Namen „Sauter 1“ im Umgangsjargon bekommen hatte, weil es ja noch den jungen Dr. Sauter gab, der nun seinerseits zur Unterscheidung „Sauter 2“ hieß. Letzterer war der Sohn von Sauter 1. Die beiden sahen zwar äußerlich erkennbar wie Vater und Sohn aus, waren aber doch wohl im Interessengebiet und in der Wesensart deutlich unterschiedlich. Während der alte Sauer ein typischer Kaufmann war, freundlich, gesprächsgewandt, gut gekleidet, immer noch ein Türchen offenlassend, immer auf der Lauer, ob der Gesprächspartner einen Fehler beging, war der junge ein naturwissenschaftlicher Techniker, objektiv, ohne Umschweife auf den Kern der Dinge zusteuernd, ab und zu wortkarg, keineswegs immer freundlich.

Nun, Sauter 1 hatte von einem Tag zum anderen

Werksverbot und eine fristlose Entlassung erhalten. Was war geschehen? Der alte Diemer war überredet worden, einen jungen Mitarbeiter in die EDV-Abteilung aufzunehmen, damit die „administrativen Arbeiten modernisiert und beschleunigt werden sollten“.

Dieser junge Mann nun hatte auch die Verkaufszahlen der einzelnen Abteilungen voller Einsatz und Ehrgeiz zunehmend detaillierter aufbereitet und stieß eines Tages auf eine interessante Feststellung. Er bemerkte nämlich, dass erhebliche Mengen eines großen Produkts mit einem überdurchschnittlich niedrigen Preis immer wieder an einen bestimmten Kunden verkauft wurden.

Dies besprach er vertraulich mit Köttermann. Der wollte es zunächst gar nicht glauben, ließ sich aber dann, auch unter dem Siegel der Verschwiegenheit, weitere Tabellen zusammenstellen, u.a. auch die Dienstreisen des alten Sauter. Und siehe da, es ließ sich ganz eindeutig beweisen, dass dieser bewusst immer dem gleichen Kunden diese niedrigen Preise einräumte. Offenkundig wurde so ein schöner Gewinn außerhalb der Firma gemacht. Und was lag da näher, als dass sich der Kunde und Sauter1 den Gewinn teilten. Immerhin musste der in der Größenordnung einer knappen Million gelegen haben. Nach dem Auffliegen der Sache gab es ein klärendes Gespräch mit dem Ergebnis, dass Diemer von einer Anzeige absah, wenn die Hauptdifferenz wieder zurückgezahlt wird. Dies sagten Kunde und Sauter zu und erfüllten auch ihre Zusage. Dennoch blieb bei Klaus ein äußerst unangenehmer Beigeschmack bei der Sache, als er erfuhr, dass der alte Sauter aber trotzdem seine Werkspension erhalten würde und dass nach kurzer Zeit mit dem beteiligten Kunden sogar wieder Geschäfte gemacht wurden. Er, Klaus, hätte zumindest die Geschäfte mit diesem Kunden abgebrochen.

Die Verkaufsleitung wurde nun kommissarisch z.T. von den Sachbearbeitern des Verkaufs und z.T. von Köttermann selbst betrieben. Und man hatte bald den Eindruck, dass ihm das recht gut gefiel. Konnte er doch auf diese Art und Weise mal nach Herzenslust in der ganzen Welt herumjokeln. Die USA, Japan und Russland waren jedenfalls alle dabei.

Damals wurden gerade in einigen anderen, aus heutiger Sicht muss man sagen, cleveren Firmen, mehrere Fax-Geräte angeschafft und dafür die eine oder andere Reise gestrichen. Aber das hat der alte Diemer verpennt. Diemer erschien Köttermann so richtig schön sparsam, weil er nicht all den „modernen Schnickschnack“ immer gleich in „übertriebenem Maße“ anschaffte.

Er stammte halt auch aus einer Generation, wo

nur der Herr Prokurist in wichtigen Fällen telefoniert und ansonsten fast nur gestochen exakte Briefe mit zwei Unterschriften der Auseinandersetzung mit dem Kunden dienten. Schade.

Man konnte guten Gewissens sagen, dass bis zu diesem Zeitpunkt die Karriere von Klaus aufsteigende Tendenz gezeigt hatte. Er hatte dies auch schon mal von einem Meister so gehört, dass er der „Senkrechtstarter" der letzten Jahre sei.

Nun gut, Klaus freute sich schon über solche Bemerkungen, aber kaufen konnte er sich natürlich nichts dafür.

Da waren der Bock oder sein eigener Vorgänger schon viel raffinierter, aber auch mutiger. Sie hatten eines Tages ein Angebot eines neuen Arbeitsvertrags für sich aus einer anderen Firma in der Hand, natürlich mit ein paar hundert Mark höherem Gehalt, und haben dies schlicht und ergreifend dem Dr. Diemer unter die Nase gehalten. In dem einen Fall war er hart geblieben, worauf der Mann ging. Im anderen Fall er weich geworden, erhöhte dem Bock sein Gehalt und erteilte ihm auch noch Prokura.

Diesen Mut hatte Klaus nicht. Warum eigentlich nicht? Heute kann er sich das in aller Ruhe fragen. Vorsicht, Sorgfalt und Verantwortungsgefühl ergaben bei ihm ein Verhalten, dass große Veränderungen nur bei gravierenden Umständen und dann so risikoarm wie möglich vollzogen wurden. Bei kleineren Problemen versuchte Klaus immer zuerst „schmerzarme" Optimierungen durchzuführen, wobei er sich selbst übrigens am wenigsten schonte. Er war alles andere als ein rücksichtsloser Kämpfer. Es passte gut zu ihm, dass er als sogenannter „weißer Jahrgang" auch nie beim Militär war, weder in der DDR noch in der Bundesrepublik. Nebenbei bemerkt war es typisch für ihn, dass er schon als junger Kerl beim Sport mehr Freude an Leichtathletik hatte als am Fußballspiel. Bei ersterem kämpft weitgehend jeder allein, bei letzterem Mann gegen Mann. Sauter 1 war z.B. ein Vertreter der rabiaten und kämpferischen Kollegen. Er sagte einmal sinngemäß, dass man beim Umgang mit anderen eben auch mal eine Handgranate ins feindliche Lager werfen müsse, und wenn sich der Dampf erhoben habe könne man ja mal sehen, wie dann die veränderte Lage aussähe. Das war nicht Klaus' Weg.

Eines dämmerte Klaus nach diesen Erfahrungen im Betriebsleben allmählich: Wer in solchen Hierarchien Karriere machen will, muss buckeln und liebedienern. Oder noch deutlicher gesagt: Wer hier etwas werden will, muss den Chefs in den Arsch kriechen. Das ist offenkundig so.

Leider passte nun solch eine Haltung und Auffassung überhaupt nicht zu der, sagen wir mal, wissenschaftlich objektiven Auffassung von ihm. Er hatte also letztendlich zu wählen: Willst du etwas höher steigen, dann musst du den Chef hofieren, ob dir das nun gefällt oder nicht. Willst du aber dir selbst treu bleiben, dann musst du dein Leben nach deiner Auffassung leben, so gut du kannst, und musst auch in Kauf nehmen, dass dir ein weiterer Aufstieg versagt bleibt. Vielleicht gibt es noch eine kleine Chance, nämlich die, dass ein anderer einen großen Fehler begeht. Aber diese Chance ist deswegen sehr klein, weil jeder Vorgesetzte sich ja auch neue Mitarbeiter anschaffen kann, die „besser spuren", sprich besser schleimen und dem Chef zum Munde reden.

Je länger Klaus diesen grundlegenden Fragen nachging, desto mehr gingen ihm Lichter auf. Denn da war noch ein Punkt, der nie offiziell angesprochen wurde, aber zwischen den Zeilen offenbar doch eine größere Rolle spielte, als er geahnt hatte. Das war die politische Einstellung. Seine Chefs hatten schon mal typische Formulierungen verwendet, wie sie in der Parteienlandschaft üblich waren.

Danach war eigentlich klar, dass Diemer und Köttermann „schwarz" waren und von den „Grünen" überhaupt nichts hielten. Klaus gehörte zwar keiner Partei an, lag aber mit seinen Auffassungen eher auf der SPD-Linie. Da er nicht parteilich gebunden war, hatte er auch kein Problem damit, mal beim Mittagstisch Meinungen zu äußern, die mal gelb, rot, grün, aber auch mal schwarz waren.

Lange Zeit sah es z.B. so aus, als ob die FDP die einzige Partei war, die sich um Leitende Angestellte kümmerte. Bei der SPD passten die Gutverdiener nicht richtig 'rein, aber bei der CDU auch nicht immer, weil sie ja immer noch Arbeitnehmer waren und keineswegs zu den großen Kapitaleignern gehörten.

Übrigens war diese Zwitterstellung als Leitender Angestellter einerseits Arbeitnehmer zu sein und andererseits im Auftrage der Kapitaleigner zu handeln, seit jeher Basis unklarer Einordnungen in die politische Landschaft. Daher haben die „Leitenden" auch eine relativ schlechte Lobby. Jahrelang waren sie im Betriebsverfassungsgesetz zwar ausdrücklich ausgegrenzt, aber zunächst nirgends gesetzlich klar und verbindlich beschrieben. Einen „Leitenden" kann man auch heute noch relativ leicht entlassen, weil man bei unterschiedlichen Auffassung natürlich immer sagen kann, dass kein Vertrauensverhältnis mehr besteht und damit keine fruchtbare Zusammenarbeit mehr möglich sei. Auch wenn sich solche Dinge meistens finanziell noch ganz gnädig lösen lassen, besteht trotzdem eine der Höhe der Stellung unangemessen große

Rechtsunsicherheit.

Naja, viele Staaten tun sich mit ihrer Intelligenz eben etwas schwer, weil sie alle Fehler kritisieren, nie einer Meinung sind und politisch meistens nicht in eine Gruppe passen.

## 6. Krankheit

Klaus saß in seinem Betriebsleiterbüro und las in den Monatsbilanzen. Waren die Ausbeuten in Ordnung? Waren die Hauptmengen der Produktion ausgegangen und abgebucht? War die Lagermenge nicht zu sehr angestiegen? Und, und, und ... Beiläufig fiel ihm plötzlich auf, dass er beim Lesen mehrfach blinzeln musste, weil im Blickfeld eine kleine Unschärfe auftauchte. Irgendwoher kannte er das Phänomen. Er hatte schon zweimal eine Netzhautentzündung gehabt. Da war das auch so gewesen.

‚So ein Scheißdreck!, ging es ihm sofort durch den Kopf. Ausgerechnet jetzt, wo er beweisen musste, dass er der beruflichen Belastung gewachsen war, da musste so etwas passieren. Krankheiten passen überhaupt nicht in die Leistungsgesellschaft.

Damals, vor fast sieben Jahren, hatte er das erste Mal eine Netzhautentzündung gehabt. Der Chef der Augenklinik hatte ihm damals einen stationären Krankenhausaufenthalt empfohlen, den er auch brav wahrgenommen hatte. Heute war das wahrscheinlich undenkbar. Volle drei Wochen wurde er damals flach gelegt und einer Kortisonkur unterzogen. Und was er auch noch in guter Erinnerung hatte, war, dass die Ärzte so eine blöde Entscheidungseinbeziehung des Patienten in die Therapie unbedingt von ihm haben wollten. Die genauen Ursachen für die Herkunft einer solchen Entzündung am Augenhintergrund seien meistens unbekannt, aber es gab allerlei Kannmöglichkeiten: Psychische Ursachen, streuende Einzelherde wie Mandelentzündungen oder Ähnliches. Als psychische Ursache wäre damals ohne weiteres der Tod seines ersten Kindes denkbar gewesen. Als Streuherd könnten tatsächlich die Mandeln in Frage kommen, denn die hatten sich schon ab und zu mal entzündet. Er hatte sich damals dazu entschlossen, gleich während des Krankenhausaufenthalts wegen der Augen auch noch die Mandeln herausnehmen zu lassen. Alles zusammen war das dann allerdings fast sechs Wochen Krankheit.

Als er sich nun daran wieder erinnerte, bekam er fast Panik. Auf keinen Fall wollte er jetzt wochenlang krank machen. Dann wäre sicher seine Betriebsleiterkarriere im Eimer oder zumindest so angeschlagen, dass kein größerer Fortschritt mehr zu erwarten wäre.

Abends fuhr er sofort mit seiner Frau zu einer Augenärztin. Er wählte vorsorglich einen in einem anderen Stadtteil, weil er möglichst von keinem Kollegen oder Mitarbeiter gesehen werden wollte.

Die Ärztin war eine freundliche Frau um die 55 Jahre. Er nahm seinen ganzen Mut zusammen und schilderte ihr außer dem Krankheitsbild auch seine persönliche Situation. Er habe zwei Probleme: Das eine sei offenbar wieder eine neue Netzhautentzündung, das zweite, dass er auf keinen Fall an seinem Arbeitsplatz fehlen möchte. Er hoffe nun inständig, dass sie eine Lösung für beide Probleme finden möge. In seiner Angst um den Arbeitsplatz hatte er ganz vergessen, dass Kassenärzte solche Patienten nicht ungern mögen, weil sie preiswert und folgsam sind. Also, es gab diese Möglichkeit. Trotz seiner weiter laufenden Arbeit fand sie die richtigen Medikamente, ihm zu helfen. Klaus war heilfroh und erschien jeden Tag an seinem Arbeitsplatz.

Ein paar Wochen lebte er noch mit der Unsicherheit, ob die Heilung wirklich gelingen würde. Aber nach einem Monat war die komische Blickfeldverzerrung verschwunden und er konnte wieder alles klar sehen. Nach zwei Monaten hatte er die Geschichte vergessen.

Eines hatte er aus dieser Angelegenheit gelernt: Wenn jemand fragt, wie es ihm geht, vor allem so gesundheitlich, dann wird er immer sagen: gut! In unserer Gesellschaft ist Krankheit wie Aussatz, mit dem niemand etwas zu tun haben will.

Beruflich ist Krankheit die Bremse Nummer eins. Und Freundschaften steht sie auch gewaltig im Wege. Heute gibt es jede Menge Leute, die besuchen noch nicht einmal Freunde im Krankenhaus. Dabei tun sie so, als ob schon ein Knochenbruch ansteckend ist. Was sind wir doch für ein armer, sozialer Verein geworden!

In dieser Zeit wurde bei Diemer gerade die Einführung von so genannten Direktversicherungen diskutiert. Die Firmenleitung zeigte zwar nicht gerade große Lust, behilflich zu sein, aber so ein junger Feger aus der Verwaltung hatte sich stark gemacht, sich dieser Sache mal anzunehmen und für die Einrichtung in der Firma zu sorgen. Was dabei alle ziemlich betroffen machte, war eine Statistik einer Lebensversicherung, die dabei auftauchte. Klaus berichtete abends seine Frau: „Stell dir mal vor, dass von den 40jährigen nur rund 80% das 60. Lebensjahr erreichen sollen. Ich kann das bald gar nicht glauben!“

In der Tat würde das ja heißen, dass von je fünf 40-Jährigen einer bis zum 60. Lebensjahr sterben würde. Klaus konnte sich das wirklich nicht vorstellen. Aber als er selbst 60 Jahre alt war, wusste er, wer zu den 20 % Verstorbenen unter seinen Bekannten und Freunden gehörte. Einer hatte sich erschossen. Drei waren an Krebs gestorben. Einer war auf der Kreuzung tot gefahren worden.

Überhaupt war es doch recht erschreckend, wenn man mal einen größeren Zeitraum Revue passieren lässt, was da noch alles passiert war.

Ein Mitarbeiter, der gerne aggressiv Auto fuhr, hatte sich überschlagen und dabei schwer verletzt. Ein anderer wurde des Betrugs überführt und fristlos entlassen. Wieder andere hatten sich wegen Preisabsprachen zu verantworten. Und wenn man dann noch bedenkt, dass sicher gar nicht alle Sündenböcke überführt werden, dann entsteht schon ein recht trauriges Bild unseres heutigen Berufslebens.

Ehrlichkeit, Solidität, langfristige Planungen werden heute nicht belohnt. Heute sind die „cleveren“ und die „coolen“ Typen gefragt, die schnell wirtschaftliche Erfolge haben und nicht bei unerlaubten Manipulationen erwischt werden.

Unerlaubte Dinge werden von Vorgesetzten in der Industrie und Politik gar zu gerne als Kavaliersdelikt angesehen, zeugen sie doch von erwünschter Aktivität und Erfolgsdrang.

Wir sollten die Gier nach dem schnellen Geld als eine ganz große und gefährliche Volkskrankheit ansehen. Über kurz oder lang müssen dabei viele Firmen und mit ihnen natürlich auch Menschen, vor allem immer wieder auch unschuldige Menschen, wirtschaftliche und menschliche Einbrüche erleben.

Und wie kommt es zu diesen Tendenzen?

Mag sein, dass die harte Konkurrenz auf dem Markt und die Globalisierung daran schuld sind, aber für Klaus sah die Antwort auf diese Frage viel konkreter aus. An seinem Arbeitsplatz würde er zwei Menschen einen erheblichen Schuldanteil für diese Entwicklung zusprechen – und das waren der alte Diemer und vor allem Köttermann. Die hatten eine solche Entwicklung ganz klar begünstigt, und zwar durch Tolerieren und Fördern der Gewinnbringer unter Missachtung menschlicher Werte und durch wohlwollende Duldung gesetzlicher Grenzgänge. Keiner der beiden war in den letzten Jahren noch zu vernünftigen, langfristigen Investitionen bereit. Nur das schnelle Geld zählte.

Wir sollten alle zusammen etwas weniger unsere Zeiten beklagen und lieber uns selbst ernster als bisher fragen, wie es kommt, dass solche Leute an der Spitze vieler Unternehmen stehen und ein solches Wirtschaftssystem haben entstehen lassen.

Eigentlich hätte man in den Jahren 1980 bis 2000 schon ahnen können, dass dieses verlogene System irgendwann einmal zu einem großen Crash führen würde. Aber das hat damals keiner laut auszusprechen gewagt.

## 7. Daheim

Klaus saß daheim. Er hatte gerade mit Helga in aller Ruhe gefrühstückt. Sein Blick fiel auf den kleinen Garten und seine Erinnerungen liefen allein und ohne Mühe wieder einmal zurück in die Zeit des Hausbaues.

Es war im Jahre 1975, als Klaus und Helga sich zum Kauf eines Reihenhauses entschlossen hatten. Er erinnerte sich noch gut an einige Meinungsäußerungen, die man so aus Kollegenkreisen hörte. Bei Bayer, BASF oder Hoechst, das waren die drei Großen in der deutschen Chemie, könne sich ein Chemiker nach zehn Jahren ein Haus kaufen. Bei ihm waren es 15 Jahre, bis der Hausbau begann. Der Grund, warum es länger dauerte als bei anderen, war klar. Er musste absolut bei Null anfangen, weil keine Eltern oder Onkel große Summen beisteuern konnten und die Gehälter bei Diemer auch nicht gerade an der Spitze lagen.

Immerhin hatten dann doch, schon ein bisschen zur Überraschung von Klaus, seine Eltern und seine Tante etwas zum Hausbau mit beigesteuert, sodass jedenfalls die Finanzierung möglich war. Auch die Lage in Harburg gefiel ihnen sehr. Da Helga nicht so ganz allein in einem Einzelhaus wohnen wollte und das Geld sowieso knapp war, hatten sie sich zum Kauf eines Reihenhauses entschlossen. Als sie einen Bankkredit über 100.000 DM aufnahmen, hatten sie beide schlecht geschlafen. Aber die Freude über die ersten Baufortschritte wischten die Sorgen schnell weg. Klaus fand Verständnis bei seinem Vorgesetzten, dass er während des Hausbaues jeden Tag mal am Bau aufkreuzen konnte. Als der Rohbau stand, kam die Baugesellschaft, deren Ruf vorher sehr gut war, ins Trudeln. Sie bezahlten mit dem Geld der Raten der letzten Häuser weiter zurückliegende Schulden. Als dies die Handwerker der neuen Häuser merkten, war es aus. Sie machten keinen Handschlag mehr. Der wunderschöne und lange ausgehandelte Vertrag über das Fertighaus war nichts mehr wert.

Was blieb übrig? Die Handwerker waren nur noch bereit, gegen Abtretungen weiterzuarbeiten, damit ihr Honorar gesichert war. Also zahlten Helga und Klaus ein paar Mal direkt Abtretungen an die Handwerker, bis sie merkten, dass die Gesamtsumme erreicht wurde, aber das Haus noch gar nicht fertig war. Letztendlich verloren sie runde 20.000 DM, konnten aber endlich einziehen. Heute, über 20 Jahre danach, war der Schmerz über den Verlust nicht mehr so groß. Was sie lernten? Es gibt keinen Lebensbereich außer dem Baugewerbe, in dem so viel und so dreist gelogen wird. Vorsicht ist hier mit drei Ausrufungszeichen zu schreiben.

Klaus war nun schon drei Monate aus dem aktiven Berufsleben ausgeschieden. Die Ruhe, morgens länger schlafen zu können und keinen Zeitdruck mehr zu haben, hatte ihm ganz gut getan. Über zwei Dinge kam er allerdings nur schwer hinweg. Und jedes Mal, wenn er daran dachte, fragte er sich, ob er oder die anderen hier richtig oder falsch handelten.

Das eine waren seine Mitarbeiter. Er hatte fest damit gerechnet, dass sich mal irgendjemand meldet und fragt, wie es ihm geht. Aber das tat keiner. Er hatte noch an seine letzten Abteilungen eine Karte mit Weihnachtsgrüßen geschickt. Ihm hatte aber keiner aus der Firma ein schönes Weihnachtsfest gewünscht.

Entweder war er viel unbeliebter, als er ahnte, oder die heutigen Mitarbeiter sind so unter Stress und so kaltherzig, dass sie für einen Ausgeschiedenen keine Karte und keinen Anruf mehr erübrigen. Beides war für ihn enttäuschend, erschreckend und irritierend.

Das Zweite waren die Umstände seines Ausscheidens. Sein Vorgesetzter und er hatten die Nachfolger für seine letzten Arbeitsbereiche gemeinsam ausgewählt. Er hatte sie zunehmend eingearbeitet. Man war sich auch über seinen Austrittsvertrag einig geworden. Aber was dann kam, hatte für ihn einen etwas faden Beigeschmack.

Nachdem die Firma offiziell noch keine Anstalten für eine würdige, wenigstens kleine Abschlussfeier für ihn unternommen hatte, lud er seine Mitarbeiter privat in ein nette Gaststätte abends zu einem Essen ein, zu dem auch fast alle kamen und ihm ein schönes Geschenk überreichten. Später ergab dann ein Gespräch mit Herrn Dr. Schöne, dem frisch gekürten Spartenleiter, dass man auch eine kleine Feierstunde machen wolle, zu der er, Klaus, „ein paar Mitarbeiter, aber nicht alle“ nennen könne. Das war verdammt kleinkariert. Nach dieser „Kleinfeier“ fragte Klaus eine Mitarbeiterin, ob es ihr gefallen hätte, und erhielt als Antwort „na ja, es ging“.

Eigentlich hätte er doch zufrieden sein können: Er hatte ein gutes Gehalt, er hatte eine gute Stellung, er hatte eine gute Abfindung beim Ausscheiden ausgehandelt. Aber trotzdem hatte er sich seinen Abschied anders vorgestellt: Es fehlte ein bisschen mehr menschliche Anerkennung. Und je mehr er es überlegte, um so mehr kam er zu dem Ergebnis, dass das in erster Linie von seinem neuen Vorgesetzten, dem Dr. Schöne, kam, bzw. eben nicht kam. Der konnte zwar sehr freundlich sein und sich sehr leger geben, aber offenbar war er hinten herum eben nicht ganz sauber.

Diese etwas mangelhafte Anerkennung war für Klaus ein schwer zu verkraftendes Novum. Ein Leben lang war er mehr oder weniger immer auf der Erfolgsleiter weit oben gewesen, sei es in der Schule, an der Uni oder im Betrieb. Auch in der Familie war er immer der liebe und kluge Sohn gewesen. Um so schwerer waren diese gebremsten Verhaltensweisen für ihn zu verkraften.

Volle zwei Jahre sollte es dauern, dieses blöde Gefühl im Magen los zu werden.

Diesen Zeitraum nannten ihn auch einige andere ehemaligen Mitarbeiter. Aber nicht alle taten dies. Einige meinten, dass mit ihrem Ausscheiden, die Arbeit eben beendet wäre und fertig damit. Ab sofort hätten sie sich nahezu übergangslos ihrem neuen Leben angepasst. Klaus konnte das nicht ganz glauben. Allerdings, vermutete er, gab es ja noch, aus seiner Sicht jedenfalls, unangenehmere Abgänge. Da konnte man sich schon vorstellen, dass das Ende wie eine positive Erlösung angesehen werden konnte.

Wie dem auch sei, er war sicher nicht allein mit so einem flauen Gefühl im Magen, denn allmählich konnte man den Zeitungen immer wieder einen neuen Begriff lesen, der sich mit diesem Phänomen befasste: das Mobbing.

Leute, die man nicht mehr so recht mag, oder wohl auch Leute, bei denen der Weggang als Alters- oder Gesundheitsgründen vorprogrammiert ist, oder auch in den Fällen, wo die Firma Personalreduzierungen unklar ankündigt, aber nur sehr langsam und schleichend durchführt ... das alles ergibt einen wunderbaren Nährboden für gequälte Kreaturen, die sich zum Ellbogenkampf genötigt fühlen, um selbst Pluspunkte bei ihrem Vorgesetzten zu sammeln. Und wenn man selbst nichts hervorstechend Gutes zu bieten hat, wird es eben mal mit Mobbing bei diesem oder jenem hinten herum probiert, um sich relativ besser erscheinen zu lassen.

Und weil in unserer heutigen Gesellschaft nur Erfolg und Geld zählen, haben Kranke, Alte und Arme nichts mehr zu melden. Es fällt schwer, zu glauben, dass so der Fortschritt für eine schöne Zukunft aussehen soll.

Eine viel schlimmere Geschichte hatte Klaus von einem Leitenden Berufskollegen aus einem anderen, etwas größeren Chemiekonzern gehört. Dem hatte man mit einer Abfindung ein frühzeitiges Ausscheiden nahe gelegt, was er aber nicht annahm, weil es finanziell unter der zu erwartenden Gehaltssumme lag. Und was machten seine Vorgesetzten darauf? Sie nahmen ihm alle Mitarbeiter weg, setzten ihn in ein Einzelzimmer und ließen ihn mit einer zweitrangigen Aufgabe einfach schmoren. Und das nicht ein paar Tage, sondern viele Monate lang. Was der arme Kerl seelisch mitgemacht hat, hätte manch anderen Menschen umgehauen. Er hat es überlebt, aber mit total frustrierenden Erinnerungen.

Eigentlich wollte Klaus gar nicht mehr an diese unangenehmen Randerscheinungen seines Wegganges und das Mobbing denken, aber er blieb doch noch einmal daran hängen. Ihm fiel ein denkbarer Teilgrund wieder ein, der einfach system- war und nicht durch bestimmte Personen bedingt war. Das waren die Vorgänge um die Gehaltserhöhungen seiner Mitarbeiter in den letzten Jahren. Zunächst ließ die Geschäftsführung das mittlere Management im Herbst oft im Unklaren, ob überhaupt Gehaltserhöhungen vorgesehen waren. Daher wusste er auch nie, ob man sich mit entsprechenden Vorschlägen unbeliebt machte. Schließlich sind ja Gehaltserhöhungen „gewinnschädigend“. Meistens machte er trotzdem recht sorgfältig mit ein bis zwei Mitarbeitern erarbeitete Vorschläge, und zwar schriftlich. Diese Vorschläge landeten beim zuständigen Spartenleiter. Dann war regelmäßig erst einmal nichts zu hören und zu lesen gab es schon gar nichts: Dann, kurz vor Weihnachten, konnte man erfahren, wer wie viel mehr bekommen hatte. Und das war oft mit riesigen Überraschungen verbunden. Ein paar Leute waren ganz gestrichen, einigen wurde das Gehalt erhöht und manchmal kamen völlig unerwartet noch ein paar dazu, so wie es der Herr Spartenleiter eben sah. Die ganze sorgfältige Vorarbeit war umsonst. Klar, dass es dann von den negativ Betroffenen immer wieder lange Gesichter und Enttäuschung gab. Und die blieb meistens, zum größten Teil völlig unberechtigt, am Abteilungsleiter hängen, denn der musste ja mit den Leuten arbeiten und den Blödsinn seines Vorgesetzten noch loyal vertreten.

Ein paar große Vorteile des Rentnerlebens kristallisierten sich aber doch für Klaus allmählich heraus: Er konnte sich mit vielen Bekannten länger unterhalten als früher. Außerdem konnte er Dinge, die ihm Freude bereiteten, viel ausgiebiger machen. Und, auch das ist wichtig, er konnte sie auch, wenn er keine Lust hatte, ohne Zeitdruck einfach mal eine Zeit lang liegen lassen. Das alles geht eben bei Berufstätigen nicht. Da drückt und drängt immer einer. Und alle wollen eigentlich mehr gemacht haben, als man kann. Dieser verdammte Druck war nun endlich weg. Wenn er nachmittags mal ein bisschen müde wurde, konnte er jetzt einfach ein Stündchen schlafen. In der Dienstzeit wäre das ein Grund für eine Entlassung gewesen.

Weil man aber nun die ausgeführten Sachen

ausgiebiger macht, ist dann überraschend der Tag auch bald wieder voll. Das ist der Moment, wo die Rentner den berühmten Spruch loslassen: „Ich bin Rentner und hab keine Zeit!“

Heute ist Klaus nicht mehr Chemiker. Er ist Vorsitzender eines Hamburger Sportvereins und fühlt sich ganz wohl. Dass seine dortigen Vorstandskollegen alles „kleine Könige“ sind, stört ihn nicht mehr so sehr wie in seinem Berufsleben.

„Wenn die alle Könige sind, bin ich eben Kaiser! – Und tschüss!“

## 8. Jahre später

Es ist immer interessant, was das Leben so mit Menschen macht. Da gibt es immer wieder interessante Wendungen, die manche eigene Vorstellung langfristig bestätigen, aber natürlich auch welche, die man so nicht erwartet hätte. Da muss man wohl sein Weltbild korrigieren.

Was ist aus all den Menschen in Klaus‘ Chemiker-Leben geworden?

Fangen wir mit ihm selbst an. Klaus ist weiter Rentner und Pensionär. Das heißt, er hat keine Reichtümer in seinem Leben anhäufen können, aber es reicht für ein Leben ohne ernste wirtschaftliche Sorgen. Gesundheitlich geht es ihm mit 71 Jahren auch noch recht gut. Das mag ein bisschen auch sein Verdienst sein, denn er hatte in seiner Tätigkeit mit Gefahrstoffen, und da waren jede Menge dabei (Asbest, Gift, krebserregende Stoffe, leicht entflammbare Stoffe u.v.a.m.), immer für andere und sich hohe Sicherheitsmaßnahmen ergriffen. Im Labor gibt es dazu Anzüge, Schutzbrillen, Handschuhe usw. Man muss sie nur konsequent benutzen!

Im Betrieb hatte er stets auf intakten Ex-Schutz geachtet. Darunter versteht man eine besondere Umkapselung elektrischer Geräte, die durch ein Gasmilieu umspült werden könnten, das explosiv ist. Er hat sich um Einhaltung der MAK-Werte und TRK-Werte gekümmert. (MAK = Maximale Arbeitsplatzkonzentration und TRK = Technische Richt-Konzentration), Das war nicht immer leicht, denn wer jemals einen Schutzanzug oder eine Gasmaske im Sommer bei der Arbeit tragen musste, weiß, was das für eine unangenehme Sache ist. Schon bloße Kunststoffhandschuhe fast den ganzen Tag zu tragen, ist so unangenehm wie nur etwas. Eine Schutzbrille zu tragen, sahen eigentlich fast alle Mitarbeiter immer ein. Helme zu tragen, ist schon lästig.

Aber wenn der Big Boss ohne Helm durch den Betrieb marschiert, wird immer wieder viel Mühe der Abteilungsleiter verdorben!

Seine Frau lebt noch und beide sind glücklich 48 Jahre verheiratet. Seine beiden Kinder sind keine Naturwissenschaftler geworden, sondern Künstler. Das Brot in diesem Bereich ist schwieriger zu verdienen als in der Industrie. Aber jeder ist seines eigenen Glückes Schmied.

Sein Vorgänger bei Diemer hatte in einer anderen Firma zwar Karriere gemacht, Klaus beneidete ihn aber überhaupt nicht, denn er wusste, dass er auch riesige Probleme wegen Umweltschäden durchzustehen hatte.

Sein früherer Laborchef Dr. Neumüller ist noch sehr alt geworden, über 90 jedenfalls. Er hat sich

also noch einige Zeit seines Alters erfreuen können. Sein Leben endete im Altersheim.
Einige Leute sind aus dem Blickfeld geraten. Von dem arroganten Dr. Köttermann wäre noch zu berichten, dass er bei Übernahme der Fa. Diemer durch eine ausländische Chemiefirma gehen musste. Seine wahrscheinlich hohe Abfindung führte auch in der Öffentlichkeit zu höchst peinlichen Zeitungsartikeln. Der Mann hat im Punkte Menschlichkeit nichts dazugelernt. Nun hat er wohl genug Geld, aber vermutlich keine echten Freunde.

Dr. Bergmann ist regulär in den Ruhestand gegangen und hat sich viele Jahre überhaupt nicht geändert. Bis ins hohe Alter ist er Klaus immer ein Vorbild an Korrektheit, Freundlichkeit und Ausgewogenheit geblieben.

Mit Sauter 2 hatte sich Klaus noch in den letzten Arbeitstagen überworfen, wegen eines Vorfalls, bei dem seine Mitarbeiter wegen Fehler aus Sauters Abteilung gefährdet wurden. Sauter wurde später Produktionsleiter und hatte viele Probleme am Hals, die er lösen musste.

Klaus war in den letzten Jahren bei Diemer wieder ins Labor zurückgekehrt. Diesmal aber nicht als Forschungschemiker, sondern als Forschungsleiter, dem auch noch die Analytik und die Qualitätssicherung unterstanden. So hatte sich doch noch der Wunsch seines ersten Chefs, des Dr. Neumüller, erfüllt.

Mit einigen Kollegen hat er noch heute ab und zu Telefonkontakt. Eigentlich bedauert er, dass es so wenig ist, aber einer Zeitungsnotiz konnte er entnehmen, dass nur 4% der Männer als Rentner noch näheren Kontakt mit früheren Kollegen haben. Bei Frauen liegt die Zahl höher. Ist also wohl normal.

An eine Mitarbeiterin aus dieser Zeit erinnerte er sich auch noch gut. Sie war Laborantin bei ihm und kannte sich sehr gut mit dem Computerumgang aus. Viele Kollegen seiner Generation hatten dieses Thema längst zum Tabu erklärt, Klaus aber nicht. Er hatte sowohl in der Firma als auch privat seinen PC auf dem Tisch stehen. Aber ab und zu brauchte er doch die Hilfe von jemand Perfekterem. Und das war eben die genannte Laborantin. Dazu kam sie meistens zu ihm ins Zimmer und öfter sehr nahe an ihn ‘ran, um ihre Hilfen einzutippen. Klar, dass man da als Mann schon mal den attraktiven Körper einer hübschen jungen Frau zur Kenntnis nimmt. Aber weder er noch sie haben daraus mehr gemacht. Sie war übrigens auch verheiratet.

Bis heute ist ihm unklar geblieben, wie er diese Hilfen einzuordnen hat. Wurde da wirklich nur dem Chef geholfen, wurde da kalt kalkulierend eine kleine Vormachtstellung ausgebaut oder sollte da noch mehr angeboten werden? Mit seinem Ausscheiden gab es diese Situationen nicht mehr. Interessant und sehr enttäuscht musste allerdings Klaus später hören, dass diese Laborantin sich an seinen Nachfolger anscheinend auch ein bisschen „'rangemacht“, dann aber den Bogen überspannt hat und letztlich von Firma und sogar auch Ehemann weggegangen ist.

Vielleicht musste sie auch gehen.

Das ist ein Fall, wo Klaus' Menschenkenntnis verkehrt war.

Ansonsten traf Klaus mal im Supermarkt, mal beim Wandern oder auf dem Wasser den einen oder anderen Mitarbeiter oder Kollegen. Da freuten sich eigentlich immer beide Seiten. Das ist gut und soll auch so bleiben.

Und trotz aller unangenehmen Erlebnisse im Berufsleben, konnte Klaus folgende Bilanz ziehen: Die Hälfte seiner Arbeitszeit hat ihm sein Beruf große Freude gemacht. Er war gerne Chemiker und hat ein paar Fragen in der Chemie erfolgreich bearbeiten können. Die großen Erfolge seines Berufslebens waren immer sehr schnell wieder vorbei gewesen. Glück kann man nicht lange halten; das verflüchtigt sich sehr schnell. Ein Viertel der Zeit muss er als weniger angenehme Chemiearbeit einordnen. Aber es war noch Chemie und es war auszuhalten. Das letzte Viertel war nicht immer angenehm. Mal ging es chemisch nicht voran oder es klappte einfach nicht, mal waren es miese menschliche Erlebnisse, die überhaupt nichts mit Chemie zu tun hatten. Solche Geschehnisse schaden der Gesundheit und dem Selbstvertrauen. Aber sie mussten eben auch durchgestanden werden.

Die herzlichsten Äußerungen erhielt er übrigens von zwei ganz einfachen Menschen.

Die eine kam von einem Türken, der ihm einfach mal eine Flasche Raki schenkte. Die andere kam von einer deutschen Putzfrau, die wirklich erschrocken war und sehr bedauerte, als er seine Verabschiedungsrunde drehte.

Menschlich sein ist eine Sache und Chemie eine andere.

**Diemer GmbH,**
**Hersteller von Treibstoff-Additiven**
*Gliederung und genannte Personen*

Vorstand: Dr. Diemer sen., RA Lehnert, Dr. Diemer jun.

Verkaufssparte OC (Organische Chemie):
Dr. Schöne, Dr. Sauter 1

Verkaufssparte BZ(Benzin-Zusätze): (keine Nennung)

Forschung: Dr. Neumüller, Dr. Bergmann, Dr. Kolbe

Produktionsleiter: Dr. Köttermann

Betriebsgruppe OC (Organische Chemie): Vorgänger Dr. Noe, danach Dr. Kolbe

Betrieb Bl-B5(Additive): Dr. Klaus Kolbe, zeitw. Dr. Sauter 2

Betrieb F (Flüssigkeiten): Dr. Bock F

Betrieb K (Kleinprodukte): (keine Nennung)

Betriebsgruppe BZ (Benzin-Zusätze): Dr. Bock BZ